KB263541

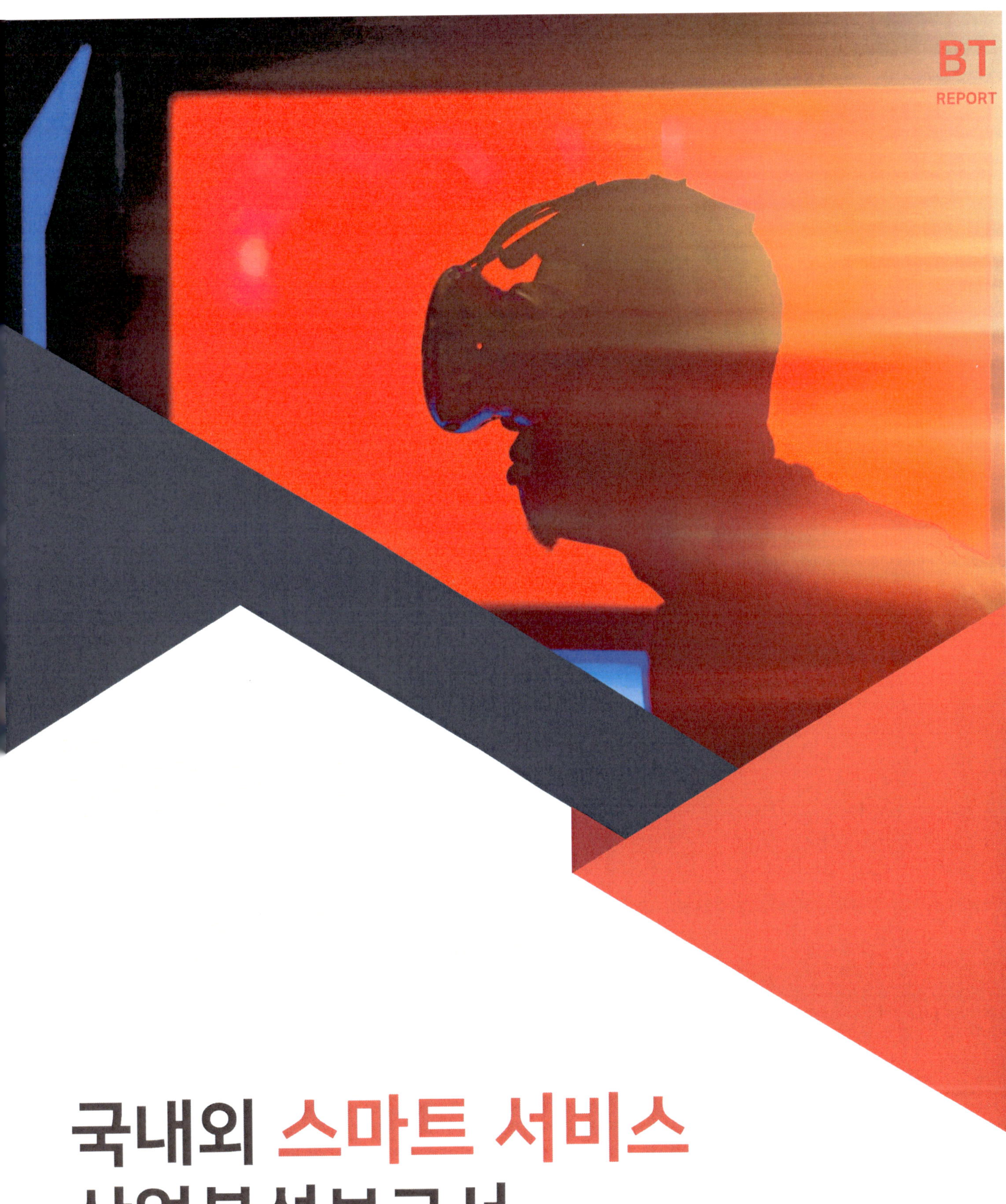

국내외 스마트 서비스 산업분석보고서

저자 비피기술거래 비피제이기술거래

㈜ 비티타임즈

스마트 서비스 산업분석 보고서

BT TIMES

스마트 서비스 산업 보고서

1. 서론

BT TIMES

I. 서론

　최근 코로나19가 발발하며 언택트 산업이 크게 주목을 받았다. 그렇다면 언택트 산업은 코로나19로 인해 발생한 산업인가? 사실 언택트 산업은 이미 몇 년전 한국사회에서 서울대 소비트렌드분석센터의 '트렌트코리아 2018'에 소개되면서부터 주목을 받아왔다.

　사실, 언택트로의 변화는 사실상 시기의 차이만 있을 뿐 언젠가는 도래할 생활양식으로 여겨졌다. 하지만 이번 코로나19의 확산을 경험하며 예상했던 것보다 빠른 변화를 맞이했다는 것이 학계나 산업계의 중론이다. 특히 이커머스(전자상거래), 재택근무, 화상회의, 온라인동영상, 핀테크 등의 영역에서는 이미 가시적인 변화가 나타났으며, 사물인터넷(IoT), 스마트홈, 인공지능 등 4차산업혁명을 주도할 미래기술 역시 코로나19를 촉매제 삼아 빠른 발전과 도입이 예고된다.[1]

　또한 '메타버스' 산업이 국내외에서 주목받기 시작하면서 각종 분야에 조금씩 스며들고 있다. 메타버스는 기존 비대면(언택트) 산업에서 더 나아가 가상공간에서 부가가치까지 창출할 수 있는 산업으로, 코로나와 비대면 산업과 맞물려 위드 코로나 시대에 빼놓을 수 없는 키워드가 되었다. 따라서 본 보고서에서는 위드 코로나 시대와 메타버스 산업, 비대면 의료 산업, 에듀테크, 무인시스템 산업 등을 자세히 살펴보고자 한다.

---

1) [언택트 산업] 4차산업혁명이 낳고 코로나19가 키웠다…비대면 라이프스타일의 확산, 투데이신문, 2020.06.19

스마트 서비스 산업 보고서

2. 위드 코로나 시대

II. 위드 코로나 시대

　포스트 코로나는 포스트(Post, 이후)와 코로나19의 합성어로, 코로나19 극복 이후 다가올 새로운 시대·상황을 이르는 말이다. 코로나19의 감염자가 급증하자 전 세계 각국은 코로나19 확산을 막기 위해 ▷이동제한 등의 사회적 거리두기 ▷원격 수업과 재택근무 등을 실시했는데, 이는 코로나19가 탄생시킨 이전과 다른 혁신적인 변화였다.[2]

　한편, 위드 코로나는 2020년 초부터 전 세계로 확산된 코로나19 팬데믹이 장기화되면서 대두되고 있는 개념으로, 코로나19의 완전한 종식을 기대하는 것보다 그에 대한 인식과 방역체계를 바꿔 **코로나19와의 공존을 준비해야 한다는 것**이다. 즉, 코로나19의 완전 퇴치는 힘들다는 것을 인정한 뒤 오랜 봉쇄에 지친 국민들의 일상과 침체에 빠진 경제 회복, 사회적 거리두기에 따른 막대한 비용 및 의료비 부담 등을 줄이기 위해서 확진자 수 억제보다 치명률을 낮추는 새로운 방역체계로의 전환이 필요하다는 개념이다.

　2020년 후반부터 코로나19 백신이 속속 개발돼 각국에서 접종이 시작되면서, 코로나19 종식에 대한 기대감을 높인 바 있다. 하지만 기존 코로나19 바이러스보다 전염력과 중증화 가능성이 높은 델타 등의 변이 바이러스가 잇따라 출몰하고, 심지어는 백신접종을 완

---

2) [네이버 지식백과] 포스트 코로나 (시사상식사전, pmg 지식엔진연구소)

료했음에도 감염이 되는 돌파감염 사례가 이어지면서 일각에서는 코로나19와 함께 살아 가자는 '위드 코로나'를 주장하는 목소리가 나오고 있다.

한편, 우리 정부는 '위드 코로나' 용어 자체의 정확한 정의가 없음에도 너무 포괄적이고 다양한 의미로 활용된다며 '단계적 일상회복 방안'이라는 용어로 논의하는 중임을 밝힌 바 있다.[3)]

어찌됐든 이처럼 코로나19로 인한 변화가 일상화되면서 인류의 역사는 코로나19 이전 (BC, Before Corona)과 이후(AC, After Corona)로 나뉠 것이라는 예측이 일기도 했다. 무엇보다 코로나19로 인해 인류의 정치·경제·사회·문화 등 모든 영역이 대변화를 맞은 가운데 가장 큰 변화는 물리적 접촉이 최소화되면서 **'언택트(Untact) 문화'**가 확산됐다는 점이다.

이에 따라 국내외 산업은 점차 비대면 산업(혹은 언택트 산업)으로 흘러가고 있다. 사실 언택트로의 변화는 사실상 시기의 차이만 있을 뿐 언젠가는 도래할 생활양식으로 여겨졌다. 하지만 이번 코로나19의 확산을 경험하며 예상했던 것보다 **빠른** 변화를 맞이했다는 것이 학계나 산업계의 중론이다. 특히 이커머스(전자상거래), 재택근무, 화상회의, 온라인 동영상, 핀테크 등의 영역에서는 이미 가시적인 변화가 나타났으며, 사물인터넷(IoT), 스마트홈, 인공지능 등 4차산업혁명을 주도할 미래기술 역시 코로나19를 촉매제 삼아 **빠른** 발전과 도입이 예고된다.[4)]

---

3) [네이버 지식백과] 위드 코로나 - 단계적 일상회복 (시사상식사전, pmg 지식엔진연구소)
4) [언택트 산업] 4차산업혁명이 낳고 코로나19가 키웠다…비대면 라이프스타일의 확산, 투데이신문, 2020.06.19

"IT업계, 위드 코로나 시대에 '하이브리드' 근무 형태 예상돼"

정보기술(IT) 업계를 중심으로 사무실과 재택을 오가며 근무하는 '하이브리드'가 대세로 자리 잡을 것이라는 전망이 나온다. 반면 전통적인 제조업체는 종전 근무형태로 재전환할 가능성이 높게 점쳐진다.

한국경영자총협회(경총)가 매출 100대 기업(82개 업체 응답)을 조사한 결과에 따르면 코로나19 위기 상황이 해소된 이후 근무형태에 대해 56.4%는 '코로나19 이전 상황으로 돌아갈 것'이라고 답했다. '코로나19 이후에도 재택근무가 활용될 것'이라는 응답도 43.6%로 팽팽했다.

업종과 직책에 따라 근무환경 변화의 크기도 달라질 것이라는 의미다. 이에 대하여 한국경제연구원 고용정책팀장은 "재택근무는 곧 생산성 하락과 연결된다고 보는 제조업체는 다시 오피스 근무를 추진할 가능성이 높다"면서도 "IT업체는 지역별로 소규모 오피스를 두거나 **메타버스를 활용한 사이버근무로** 트렌드를 이끌 수 있다"고 내다봤다.

제조업 기업의 경우 코로나19 이후 근무형태에 대해 고민하고 있지만 IT기업은 근무환경에 변화를 주고 있다. 미국 애플과 아마존은 주 3일 사무실 출근제를 운영하기 시작했다. 국내에서는 라인에서 '하이브리드 워크 1.0' 제도를 시행해 재택근무를 확대했다.

라인플러스 관계자는 "해외 지사와 온라인 회의를 하는 일이 많았고, 시스템을 갖췄기 때문에 생산성에 큰 영향은 없다"며 "재택근무 확대로 직원들의 만족도도 높아졌다"고 소개했다.[5]

---

5) IT업체 중심 '하이브리드 근무' 대세 전망 [연중기획 – 포스트 코로나 시대]. 2021.10.7.세계일보

"기업 10곳 중 4곳, 재택근무 유지할 계획"

 잡코리아에 따르면 직원수 300인 미만의 기업에 재직 중인 인사담당자 534명을 대상으로 포스트 코로나 시대 근무 유형에 대해 조사한 결과 10곳 중 4곳은 코로나 종식 이후에도 재택근무를 유지하겠다고 답했다. 인사담당자들은 재택근무가 직원 만족도를 높이고 기업 운영비는 절감하는 장점이 있다고 파악하고 있었다.

 현재 재택근무를 시행하고 있는 기업은 10곳 중 7곳에 해당하는 69.9%에 달했다. 재택근무 시행 범위는 '조를 나눠 출근과 재택을 병행'하는 기업이 47.7%로 가장 많았다. '필수 인력을 제외한 전 직원 재택근무를 시행'한다는 곳도 36.5%에 달했다. '임산부 등 꼭 필요한 인력에 한해서만 재택근무를 시행한다'는 곳은 13.9% 였다.

 현재 재택근무를 시행 중이라고 밝힌 기업 인사담당자들에게 코로나19 확진자 수가 줄거나 또는 위드 코로나(단계적 일상회복)시에도 재택근무를 유지할 계획인지 질문한 결과 43.7%가 '재택근무 제도를 유지할 계획'이라고 답했다. '재택근무를 중단할 계획'을 선택한 기업은 15.8%로 많지 않았다. 나머지 40.5%는 '아직 결정하지 못했다'고 답했다.

 코로나19 확진자 수가 줄거나 종식된 상황에서도 재택근무를 유지하겠다고 답한 기업에게 그 이유(*복수응답)를 물었더니 '직원들의 높은 만족도'라는 답변이 57.1% 응답률로 가장 높았다. 연봉이나 인센티브 등 현금성 보상으로 만족시킬 수 없는 부분을 재택근무가 보완해 주는 것으로 보인다. 인사담당자들은 '재택근무로 인한 회사 운영 경비가 줄어든 것(52.0%)'도 재택근무를 유지하는 주요 이유로 꼽았다.[6]

---

6) 포스트 코로나 시대, 재택근무·유연근무제 대세되나.2021.10.5.파이낸셜뉴스

스마트 서비스 산업 보고서

3. 코로나와 비대면 산업

BT TIMES

III. 코로나와 비대면 산업

1. 메타버스

" 가상현실을 넘어 메타버스로 "

Meta+Universe

'메타버스(Metaverse)'란, 가공, 추상을 의미하는 '메타(meta)'와 현실세계를 의미하는 '유니버스(Universe)'의 합성어로 3차원의 가상세계를 의미한다. 기존의 가상현실(Virtual Reality)라는 용어보다 진보된 개념으로 웹과 인터넷 등의 가상세계가 현실세계에 흡수된 형태이다. 최근 **세컨드라이프, 트위니티 등 SNS(Social Network Service) 서비스**가 메타버스 사례이다. 미래에는 인터넷이 3차원 네트워크로 진화하고 있는 만큼 '메타버스'는 향후 IT산업의 핵심 키워드가 될 전망이다.[7]

지금 시점에서 메타버스 정의는 사람마다 약간의 차이를 보인다. 넓은 의미에서 메타버스는 1990년대 중반 인터넷이 보급되면서 시작된 '사이버 스페이스'라는 개념과 비슷하다. 인터넷이 처음 나왔을 때 사람들은 네트워크로 연결돼 세계 어디서든 상호작용할 수 있는 모습을 보고 마치 새 세상이 열린 듯한 충격에 빠졌다.

현실을 기반으로 하지만 현실과는 다른, 시공간의 제약이 없는 디지털 체계로 움직이는 이곳을 사람들은 사이버 스페이스라는 또 하나의 공간으로 불렀다. 너무 널리 쓰이는 바람에 촌스러워진 느낌도 있지만 한때 시대를 관통하는 유행어였다. 20여 년이란 세월의 간격이 있음에도 사이버 스페이스와 현재의 메타버스는 그렇게 큰 차이를 보이지 않는다. 오히려 계승, 발전했다는 느낌이 강하다. 그도 그럴 것이, 현재 메타버스에서 이야기하는 대부분의 기술적 개념은 20년 전에 나왔다.

조금 다른 점은, 사이버 스페이스와 달리 메타버스는 더 실현 가능한 범위에서 현실과 가상의 융합을 이야기한다는 것이다. 우리 생활을 모사한 전혀 다른 가상공간으로 사이버 스페이스를 규정한 것보다 진일보한 개념이다. 20여 년 동안 중앙처리장치(CPU)와 그래

---

7) [네이버 지식백과] Metaverse - 메타버스 (지형 공간정보체계 용어사전, 2016. 1. 3., 이강원, 손호웅)

픽처리장치(GPU)의 처리 속도, 6세대(6G) 통신 시대를 바라보는 네트워크 기술, 가상현실
(VR)·증강현실(AR)·확장현실(XR) 등 가상화 기술, 소형 기기를 통해 현실과 비현실이 모
두 공존하는 3차원 가상세계를 구현할 수 있는 기술 등이 발달했기 때문이다. 소설과 영
화에서 그리던 상상도를 더 현실적인 차원에서 접근할 수 있게 됐다. 이런 점이 메타버스
라는 개념에 더 주목하게 된 배경이다.[8]

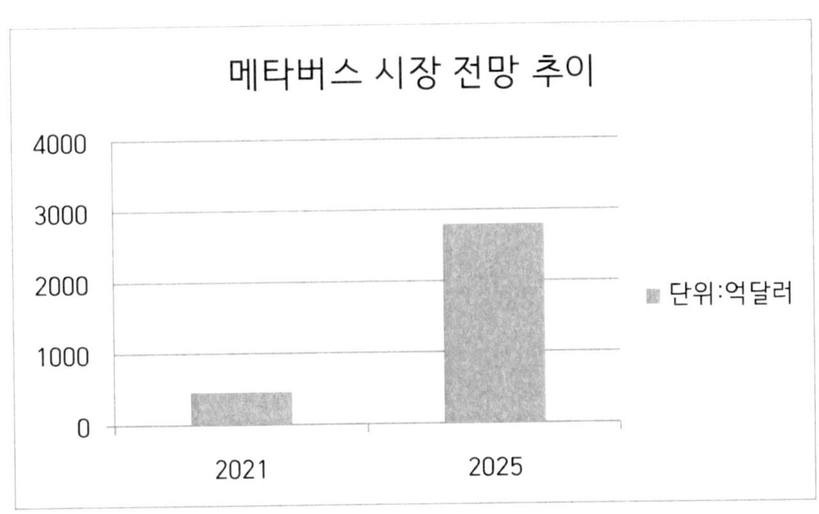

자료: 스트래티지애널리틱스

글로벌 시장조사업체 스트래티지애널리틱스(SA)는 메타버스 시장이 현재 460억달러(약
52조원)에서 2025년 2800억달러(약 315조원)까지 성장할 것으로 전망했다. 또 다른 조사
업체 스태티스타도 2024년 메타버스 시장 규모를 2969억달러(약 340조원)로 예측했는데
이는 4차산업혁명의 핵심 기술로 꼽히는 인공지능(AI)의 비슷한 시기 시장 규모 전망(약
200조원)을 넘어서는 것이다. **특히 최근 코로나 19로 인해 비대면 문화가 본격화되면서
메타버스가 더욱 활성화되고 있다.**

---

8) 메타버스, 코로나 이후 '포스트 인터넷' 될지 주목하라. 2021.8.3. 한겨레

1) 교육

" 각종 교육현장에 메타버스 활용 실제 사례 늘어,

국내도 메타버스 트렌드에 적극 합류 "

코로나로 인해 대학 교육 환경과 문화가 변화하면서 각종 대학 강의와 행사에 메타버스를 활용하는 사례가 늘어나고 있다.

2020년 3월 순천향대학교는 코로나로 인해 대면으로 진행하지 못하는 신입생 입학식을 가상 세계에서 열었다. SK텔레콤의 '점프VR' 플랫폼을 통해 마련된 가상공간에서 학생들은 자신만의 아바타를 만들고, 학과 점퍼를 입고 참석하였고, 소속 학과에 따라 따로 마련된 방에서 학과별로 프로그램을 진행하기도 했다.

건국대학교는 축제 'Kon-Tact 예술제'를 가상 세계에서 열었다. 교내 공간을 모두 재현한 '건국 유니버스'에서 학생들은 자유롭게 만나고 축제를 즐길 수 있었다.[9]

---

9) 코로나 시대 주목받는 '메타버스 마케팅'. 2021.7.20. NewsWire

대학 뿐만 아니라 학교 현장의 메타버스 도입 교육은 다양하게 전개되고 있다. 부산시교육청은 메타버스 활용 교육에 박차를 가하기 위해 3D 개발 플랫폼 제작 부문 세계적 선도기업인 '유니티테크놀로지스 코리아(유니티 코리아)'와 업무협약을 체결했다. 공공기관이 유니티코리아와 협약을 맺은 것은 국내에서 이번이 처음이다. 이에 따라 부산시교육청 산하 각 기관과 학교에서도 메타버스를 활용한 교육, 특히 체험교육을 서둘러 도입하고 있다.

부산시교육청은 이번 업무협약을 계기로 메타버스 플랫폼을 활용한 교육콘텐츠를 제작하고, 공유할 수 있는 지원체계를 마련해 나갈 계획이라고 밝혔다. 부산시교육청은 이와 함께 '교육에서의 메타버스' 가이드 북을 집필 중에 있다. 메타버스를 학교 현장에 적용하기 위해 메타버스 교육 시범학교 12개교도 운영할 예정이다. 학생들이 단순한 체험을 넘어 콘텐츠 생산자로서의 역량을 키우는 게 목적이다.

강동초등학교는 가상현실(VR)과 360도 카메라를 활용한 몰입형 가상과학실 등 메타버스 기반 교육 수업을 진행 중이다. 이를 통해 학생들의 문제해결 역량을 키우는 한편, 메타버스의 영역 중 혼합현실을 활용해 교육적 활용 가능성을 높이고 있다. 몰입형 가상과학실은 부산시교육청이 각 학교에 서둘러 구축한 '블렌디드 러닝' 환경을 활용하면 누구나 쉽게 사용할 수 있다.

덕원중학교의 경우 '구글어스(google earth)'를 활용해 프로젝트 메타버스 기반 수업을 진행하고 있다. 한국조형예술고는 코로나19로 여행이 어려운 시기에 '디지털 트윈' 기능을 이용하여 세계의 미술문화 유산을 탐방하고 있다. 또 이를 소개하는 영상을 제작해봄으로써 미술문화 이해 능력과 더불어 디지털 활용 능력을 함께 기르고 있다.

부산과학고는 메타버스를 활용해 '해양ICT축제(Ocean ICT Festival)'를 개최했다. 이 행사에서 학생들은 자신의 아바타를 활용해 △해양문화와 해양관광진흥 △해양생태계 및 환경보존 △해양자원의 이용 기반 구축 △해양선박 관련 기술 등 부산 해양과 관련한 탐구 결과를 발표했다.[10]

"교원 빨간펜, 메타버스 교육 프로그램 론칭"

교원 빨간펜이 '메타버스'와 '실사형 Ai 튜터'를 구현한 유·초등 대상 디지털 학습지 '아이캔두(AiCANDO)'를 론칭했다고 밝혔다. 신종 코로나바이러스 감염증(코로나19) 장기화로 학력 저하의 문제가 대두되면서 자기주도학습의 중요성이 커지고 있다. 멀티모달 분석 통한 AI 맞춤학습코스 추천으로 초개인화 맞춤학습을 제공하는 빨간펜의 아이캔두가 교육시장에서 차별화에 성공할 수 있을지 귀추가 주목된다.

교원그룹은 아이캔두(AiCANDO) 출시 온라인 기자간담회를 진행했다. 아이캔두는 메타버스 환경에서 실제와 유사한 학습 경험을 위해 가상 교실 플랫폼을 구현했다. 학습자는 다양한 행성 콘셉트의 메타버스 교실을 이동하며 즐겁게 학습할 수 있다. 또 국내에서 유일하게 '실사형 Ai 튜터'를 도입했다. 개인 수준별 맞춤 학습을 제공하고자 '멀티모달 분석'을 통해 학습 데이터를 분석해주는 점도 특징이다.

---

10) 졸업식부터 세계유산 탐방까지… 교육계도 메타버스 열풍. 2021.10.11. 부산일보

교원 빨간펜 측은 아이캔두는 디지털 네이티브 세대인 알파 세대에 적합한 학습의 재미와 몰입의 경험을 제공한다고 강조했다. 학습에 최적화된 가상의 학습 공간을 구성해 학습 방해 요소를 제거하고 아이들이 재미있게 학습에만 몰입할 수 있기 때문에 학습 효과 측면에서도 시너지가 상승한다는 설명이다.

교원에듀 대표이사는 "교원 빨간펜은 학습지, 외국어, 독서 세 가지 영역의 시장에 진출하여 성장해 왔다. 먼저 외국어 시장의 점유율은 확고한 수위를 확보했고, 학습지 시장은 빨간펜으로 시장을 리드해 왔다"며 "이제 아이캔두를 통해서 확고한 시장 점유율을 갖고자 한다"고 청사진을 밝혔다.[11]

---

11) 메타버스 교육 시작하는 교원 빨간펜…'아이캔두'는 무엇이 다를까. 2021.10.12. 업다운뉴스

2) 업무환경

" 채용부터 출근까지, 메타버스 도입 기업"

중소기업계도 메타버스(Metaverse, 3차원 가상세계) 바람이 불고 있다. 업계에 따르면, 메타버스는 중소기업의 채용방식과 업무 풍속도를 바꾸고 있다. 취업포털 인크루트는 중소벤처기업부, 벤처기업협회와 함께 소프트웨어 개발직 취업을 희망하는 구직자와 스타트업 기업을 연결하는 'SW개발인재 공동채용 페스티벌'을 메타버스로 진행했다. 메가존클라우드, 드림시큐리티 등 38개 중소 스타트업이 참여한 이 행사는 메타버스 플랫폼 '게더타운'을 활용해 운영됐다. 특히 참여기업 홍보관과 채용부스 코너는 해당 기업 선배 개발자와 플랫폼에서 자유롭게 소통하고 화상면담도 할 수 있다.

인크루트는 화상·영상·AI(인공지능) 면접을 할 수 있는 디지털 면접솔루션 인크루트 뷰(VIEW) 등을 통해 중소·벤처기업이 메타버스에서 블라인드 면접과 신입사원 사내교육훈련(OJT)을 진행할 수 있는 메타버스 채용솔루션을 제공할 계획이다.

한편, 중소기업유통센터는 코로나19로 인한 재택근무 장기화에 따라 메타버스 원격 근무를 시범 도입했다. 메타버스에 실제 사무실을 기반으로 한 공간을 구성하고 회의실 등 업무 공유 공간을 제작했다. 직원은 자신의 아바타로 회의에 참여해 업무를 진행한다. 중기유통센터는 중소벤처기업과 소상공인의 판로 지원을 위해서 메타버스 도입 등 IT(정보통신기술)를 업무에 적극 활용할 계획이다.

채용업계 관계자는 "면접부터 OJT까지 채용 전반에서 메타버스 활용이 증가해 중소기업도 메타버스 채용 방식에 관심을 보인다"며 "이제 막 시작하는 분야라 도입에 진입장벽이 있어 메타버스 채용솔루션 수요가 증가할 것으로 보인다"고 말했다.[12]

---

12) 채용부터 출근까지…중소기업 '메타버스' 바람분다. 2021.10.4. 신아일보

- 17 -

“유통업계도 메타버스 도입 확대”

유통 기업들의 채용설명회부터 제품 품평회, 상품 전시 등 오프라인에서 이뤄지던 일들이 온라인으로 옮겨가고 있다. 특히 '나'를 대신하는 아바타를 만들 수 있고 다양한 가상 공간에서 쌍방향 소통이 가능한 메타버스가 코로나19 이후 더욱 주목받고 있다.

인천 트래블 마켓은 메타버스 기술을 접목해 송도점을 온라인에 그대로 옮겨 놓은 3차원 가상 공간에서 열리는 온라인 관광상품 홍보관으로 그랜드 하얏트 인천, 파라다이스시티, 제주항공, 에어서울 등 숙박, 여행 상품, 관광 기념품 업체 40여 곳이 참여한다. 소비자들은 가상 공간에 조성돼 있는 참여 기업 부스에서 상품을 구매하면 된다. 현대프리미엄아울렛 송도점 관계자는 "이번 행사가 코로나19로 어려움을 겪고 있는 여행·관광업계에 조금이나마 도움이 되길 바란다"고 말했다.

현대백화점그룹은 앞서 오프라인 공간과 메타버스를 접목한 '가상 전시 체험 공간'을 백화점 업계 처음으로 선보이기도 했다. 사회적 거리두기 상황에서 고객들이 어디에서나 문화·예술을 자유롭게 체험할 수 있게 하기 위해서다.

현대백화점이 운영하는 어린이 대상 정부등록 1종 미술관 '현대어린이책미술관'은 메타버스 플랫폼 '히든 오더' 모바일앱을 통해 가상 전시 체험 공간인 '메타버스 모카가든'을 선보였다. 현대백화점 관계자는 "메타버스 모카가든은 사회적 거리두기 상황에서도 고객들이 시간·장소에 대한 제약없이 문화·예술을 자유롭게 즐길 수 있도록 하기 위해 기획했다. 게임처럼 만든 콘텐츠를 통해 고객들이 문화·예술을 보다 친숙하게 접할 수 있을 것"이라고 말했다.

쉐이크쉑은 고추장 치킨쉑 재출시를 기념해 메타버스에서 고객 이벤트를 진행했다. SPC 그룹은 SK텔레콤의 메타버스 플랫폼 '이프랜드'(ifland)에서 온라인 시식회를 진행했다. 미국 쉐이크쉑 1호점이 위치한 메디슨 스퀘어 파크를 재현한 메타버스 공간에서 시식회를 열었다. 이번 제품의 앰버서더로 가상 모델 '루시', '루이', '아뽀키'를 선정해 뉴욕에서 고추장 시리즈를 즐기는 모습을 SNS를 통해 선보일 예정이다.

하이네켄코리아는 최근 채용을 진행하고 있는 APGP(Asia Pacific Graduate Program) 채용설명회를 국내 외국계기업 최초로 메타버스 플랫폼에서 진행했다. Z세대들이 중심이 되는 구직자들과 보다 친근한 방법으로 소통하기 위해서다. 이번 설명회 가상공간은 하이네켄의 역사와 브랜드 스토리를 만나볼 수 있는 '하이네켄 익스피어런스존'과 직무 관련 상담을 진행하는 '커리어 익스피어런스존'으로 구성했다.

하이네켄코리아 관계자는 메타버스 플랫폼을 통해 채용설명회를 진행해 본 것은 처음인데 지난 해 유튜브 라이브를 통해 비대면 채용 설명회를 진행한 것과는 또 다른 재미가 있었다. 이번 메타버스 채용설명회에 보여준 관심에 감사드리며 앞으로도 미래 인재 양성을 위한 기회들을 다양하게 만들어가도록 노력하겠다"고 말했다.[13]

---

13) 코로나19에 메타버스 도입 확대하는 유통업계. 2021.10.7. 스포츠서울

3) 문화예술

　예술의 영역 역시 메타버스와 만나 수많은 가능성을 모색하고 있다. 코로나19로 인해 전시, 공연 등의 예술 산업이 크게 위축되면서 이를 타개할 해결책으로 메타버스가 제시된다. 오프라인에 기반한 예술 콘텐츠 제작과 유통은 크게 고전하고 있다. 시각 예술 콘텐츠의 경우 전시를 위한 물리적 공간인 전시장의 확보나 운영이 쉽지 않고, 이러한 경향은 사회적 거리두기로 인해 점점 더 심화되었다. 소비자의 입장에서도 예술을 경험하고 소비할 공간이 줄어들면서 문화생활이 위축된 상태다. 박물관이나 미술관의 경우 전 세계적으로 운영에 어려움을 겪었다. 전 세계 박물관 80% 이상이 최소 한 달부터 1년까지 휴관했고 방문객 수 역시 크게 감소했다. 국제박물관협의회의 조사에 따르면 세계 1600 곳의 박물관 중 13%가 폐관을 계획했을 정도다.

구글 아트 앤 컬쳐 홈페이지

이러한 위기를 메타버스로 극복하고자 하는 움직임이 늘어나고 있다. 대표적인 글로벌 사례가 구글의 '구글 아트 앤 컬처(Google Art & Culture)'다. 2011년부터 서비스 중인 가장 주목 받고 있는 비영리 온라인 전시 플랫폼으로, 누구든 어디서나 문화 인프라의 혜택을 즐길 수 있도록 한다는 취지로 만들어졌다. 2020년까지 세계 최고 박물관과 미술관의 자료들을 초고화질로 구축하고 가상현실로 서비스하고 있다. 최근 AR앱 서비스로 구현된 현장과 가상 갤러리의 중첩은 실제 해당 공간에 있는 듯한 체험을 선사한다. 출시 초기에 17곳의 박물관 및 미술관으로 시작해 지금은 프랑스 루브르박물관과 뉴욕 현대미술관, 독일 구겐하임미술관 등 1800여 곳으로 확장됐고 세계 80여 개국에 서비스되고 있다. 연간 순 방문자수는 1억 명에 이른다.[14]

문화예술계에 떠오르는 키워드 'NFT'

디지털 예술에 새로운 기회의 장을 열다

문화예술계에 메타버스와 함께 떠오르는 또 다른 키워드는 'NFT'이다. NFT는 '대체 불가능한 토큰(Non-Fungible Token)'이라는 뜻으로, 희소성을 갖는 디지털 자산을 대표하는 토큰을 말한다. NFT는 블록체인 기술을 활용하지만, 기존의 가상자산과 달리 디지털 자산에 별도의 고유한 인식 값을 부여하고 있어 상호교환이 불가능하다는 특징이 있다. 이는 자산 소유권을 명확히 함으로써 게임·예술품·부동산 등의 기존 자산을 디지털 토큰화하는 수단이다.

NFT는 블록체인을 기반으로 하고 있어 소유권과 판매 이력 등의 관련 정보가 모두 블록체인에 저장되며, 따라서 최초 발행자를 언제든 확인할 수 있어 위조 등이 불가능하다. 또 기존 암호화폐 등의 가상자산이 발행처에 따라 균등한 조건을 가지고 있는 반면 NFT는 별도의 고유한 인식 값을 담고 있어 서로 교환할 수 없다는 특징을 갖고 있다. 예컨대 비트코인 1개당 가격은 동일하지만 NFT가 적용될 경우 하나의 코인은 다른 코인과 대체 불가능한 별도의 인식 값을 갖게 된다.

NFT는 가상자산에 희소성과 유일성이란 가치를 부여할 수 있기 때문에 최근 디지털 예술품, 온라인 스포츠, 게임 아이템 거래 분야 등을 중심으로 그 영향력이 급격히 높아지고 있다. 대표적으로 디지털 아티스트 '비플'이 만든 10초짜리 비디오 클립은 온라인에서 언제든지 무료로 시청할 수 있지만, 2021년 2월 NFT 거래소에서 660만 달러(74억 원)에 판매됐다.[15]

---

14) 코로나 시대의 예술, 메타버스 위에 올라타다. 2021.10.12. 경향신문

각각의 NFT는 고유한 가치를 지니고 있으며, 거래가 가능하고, 여러 유형의 제품과 콘텐츠에 적용할 수 있다. 오픈씨(OpenSea)는 NFT는 물론, 디지털 수집품, 이더리움 기반 게임 아이템 등 다양한 자산을 경매 등의 방식으로 거래할 수 있는 온라인 플랫폼이다. 최근에는 식음료 기업 코카콜라, NBA 프로농구 팀 골든 스테이트 워리어스 등도 오픈씨에서 NFT 수집품을 발행하면서 블록체인과 관련한 디지털 전략을 모색하고 있다. 한정판 컵이나 우승 기념 반지를 파는 것처럼 한정된 수량의 디지털 파일(이미지, 음악, 영상 등)을 판매하는 셈이다.

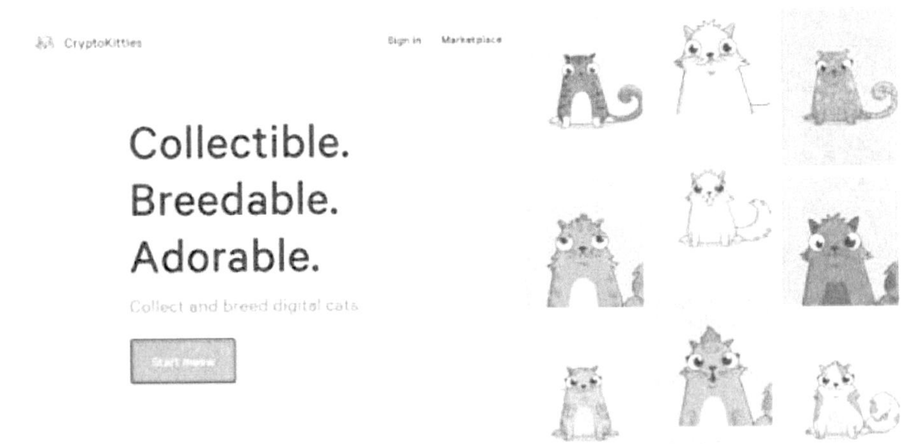

지난 2017년 등장한 크립토 키티는 NFT의 가능성을 보여준 사례로, 단순한 고양이 모양의 캐릭터에 희소성을 더하면서 15만 달러(약 1억 7853만원)에 거래되기도 했다. 이후 블록체인과 NFT를 기반으로 하는 게임이 수없이 등장했고, 쉽게 복제될 수 있는 디지털 작품도 NFT로 발행하면서 디지털 예술품 시대를 열었다.

---

15) [네이버 지식백과] NFT (시사상식사전, pmg 지식엔진연구소)

미국 폭스 뉴스에 따르면 2020년도 상반기 NFT 판매액은 총 1370만 달러(약 168억원)였으나, 2021년도 상반기에는 25억 달러(약 2조 9896억원)로 크게 성장했다. 오픈씨 역시 2020년도 NFT 거래량은 100만 달러(약 11억 9598만원)에 불과했지만, 2021년도에는 3억 달러(약3587억원)로 성장했으며, 거래량 역시 20배 이상 늘어났다.

일례로, 오픈씨는 콘텐츠 창작자가 NFT를 발행하는 데 필요한 수수료를 줄일 수 있도록 개발했다. 기본적으로 블록체인상 네트워크에 NFT를 발행할 때 네트워크 트랜잭션으로 인한 수수료(일명 가스비) 등 초기 비용이 비용이 발생한다. 하지만, **오픈씨는 이더리움과 연결할 수 있는 자체 블록체인 네트워크 '폴리곤'을 구축하고 가스비 없는 NFT 발행을 통해 독립 창작자를 지원한다.**

해미쉬 반스는 "아티스트가 오픈씨를 통해 NFT 창작물을 팔고, 시장에 진출할 수 있다. 우리는 사용자 경험을 개선해 업계 전체 성장을 이루는 것이 목표다. 블록체인과 관련한 접근성 문제를 해결하고 개선할 수 있다면 사용자 측면에서도 더 나은 충성도를 만들 수 있을 것이라 생각한다. 특히 블록체인은 기존의 웹과는 전혀 다른 플랫폼이기 때문에 새로운 사용자 교육을 지원하고, 우리가 건설하는 시장을 이해할 수 있도록 도울 예정"이라고 말했다.[16]

---

16) NFT 거래 플랫폼 오픈씨, 1년간 NFT 거래 20배 증가. 2021.10.7. 아주경제

현재 넷플릭스에서 세계순위를 석권하고 있는 국내 시리즈 '오징어게임'이 NFT시장에서도 인기다. 드라마 속 소품 디자인을 사용해 블록체인에 토큰화시킨 작품이 오픈씨(Open Sea)를 통해 2000개 이상 발행됐는데, 최고가 3이더리움(약 1300만원)에 팔리는 등 주목을 받고 있는 것이다.

NFT의 최초 발행인은 "모험적이고 신비로운 메타버스 게임에 참여하기 위한 초대장"이라면서 오징어게임 컨셉을 구현한 메타버스 게임의 개발 가능성도 언급했다. 그러나 이처럼 큰 주목을 받고 있는 오징어게임 NFT 카드는 저작권 문제가 걸려있다. 발행인의 오픈씨 계정에는 넷플릭스를 비롯한 저작권자와의 제휴에 대해 언급된 내용이 없기 때문이다.

한국저작권위원회에서는 "다른 사람이 소유한 컨텐츠에 대해 NFT를 발행하는 것은 저작권 침해에 해당한다"고 밝혔지만, 현재 국내에는 NFT의 저작권 침해를 규제할 수 있는

법률이 마땅치 않아 논란인 상황이다.

 작품의 디지털 파일을 NFT로 변환하는 과정을 민팅(Minting)이라고 하는데, 수수료만 내면 누구나 이 작업을 할 수 있다 보니, 원본의 디지털 이미지를 무단 복제하거나 도용한 뒤 NFT로 만들어 시장에서 거래하는 일들이 발생하고 있는 것이다. 일부에선 원작자의 동의 없이 NFT로 만들어 판매하는 사례도 다수 나오고 있다.

 NFT를 구매한다는 것은 창작자의 소유권을 구매하고, 이에 대한 저작권을 취득함을 뜻한다. 경우에 따라서는 NFT를 소유하지만, 실물 자산은 취득하지 못할 수도 있다. NFT가 거짓으로 작성되었거나, 실제 존재하지 않는 자산을 NFT로 민팅 한다면, 사기에 해당한다.

 이에 대하여 법률 전문가는 NFT 민팅 시, 창작자의 저작권 확보 여부를 먼저 확인해야 한다고 강조했다. 그는 "사업자는 창작자가 NFT 발행에 필요한 저작권 등 권리를 적법하게 확보하고 있는지 우선 확인해야 할 것"이라며 "이후 라이선스 계약서의 작성 단계로 나아가게 되면 NFT 관련 저작권의 귀속, 라이선스의 범위, 이익 배분의 기준과 방법(추급권의 구현 여부, 스마트 컨트랙트 채택 여부 등), 유사 NFT에 대한 발행 제한 등 사업 관련 주요 이슈들에 대해 창작자와 잘 협의하여 불필요한 분쟁이 없도록 미리 계약서로 정해둬야 할 것이다"고 지적했다.[17]

---

17) NFT도 잘나가는 오징어게임, 저작권 논란은? 2021.10.14. 팩트경제신문

“NFT시장의 득과 실”

JPG파일이 783억원에 팔렸다. 글로벌 미술품 경매사인 크리스티는 미국 디지털 아티스트 비플(Beeple·본명 마이크 윈켈만)의 디지털 아트 콜라주인 '매일: 처음의 5000일'(EVERYDAYS: THE FIRST 5000 DAYS)이 6934만 달러에 낙찰됐다고 밝혔다. 이로써 크리스티는 NFT(Non fungible Token·대체불가능토큰)를 기반으로 하는 디지털 작품을 처음으로 거래한 글로벌 경매사가 됐다. 인상파 화가인 폴 고갱은 "예술은 표절이거나 혁명이다"라고 했다. 누구나 다운받고 자유롭게 활용할 수 있는 JPG파일이 수 백 억원에 거래되는 이 현상은 과연 혁명일까.

진품보증이 가능하다는 NFT의 특성은 예술작품과 만나며 시너지를 내고 있다. 특히 디지털 작품의 경우에 유용하다. 비플을 비롯 많은 작가들이 자신의 작품을 NFT로 발행하고 거래하고 있다. 대표적인 거래 플랫폼으로는 '슈퍼 레어'(Super rare), '노운 오리진'(Known Origin), '메이커스 플레이스'(Makers place), '니프티 게이트웨이'(Nifty gateway)등이 꼽힌다. 국내에서 NFT작가로 활동하고 있는 디지털 아티스트 '미스터 미상'의 경우 "국내 시장에서 판로를 찾기 어려웠던 것과 달리 NFT를 통해 글로벌 시장에서 판매가 가능하다"며 "본격적으로 작가로 활동할 수 있었다"고 밝혔다.

NFT 아트는 미술시장을 확대했다는 의의가 있다. 주류 미술시장에서 잘 다뤄지지 않았던 디지털 아트가 활발하게 거래되면서 시장이 커졌다는 것이다. 또한 NFT 기술의 도움으로 작품의 진위를 쉽게 판단할 수 있다는 점, 공개된 플랫폼에서 거래되기에 가격 투명성이 담보 된다는 점, 작품 판매와 유통 경로가 추가로 생기면서 작품만으로도 생활이 가능해 창작자의 주권이 회복된다는 것도 장점으로 꼽힌다.

동시에 한계로는 저작권 이슈와 독과점이 꼽힌다. 작품을 판매해 소유권이 넘어가더라도 저작권은 원작자에게 남는다. 법률 전문가는 "(뱅크시의 경우처럼) 원작자의 동의 없이 작품을 민팅(화폐발행)하는 것은 저작권 위반 소지가 있다. 최근엔 타인 작품을 자신이 제작한 것 처럼 플랫폼에 올렸다가 제재 당하는 등 사례도 있었다"며 "현재는 시장이 작아서 금방 파악이 가능하지만 규모가 커질 경우엔 통제가 어렵다"고 말했다. 아직은 암호화폐를 비롯 NFT에 대해서도 국가 규제가 없지만 일부 플랫폼이 독과점을 지속해 시장 실패가 일어날 경우 제재 필요성이 대두될 전망이다. 분권화를 기치로 하는 블록체인이 중앙

집권을 전제로 하는 각국 정부의 규제 대상이 되는 모순이 발생하는 것이다. 한편, 국내 미술시장에서도 NFT 아트에 관심을 갖기 시작했다. 서울옥션의 자회사인 서울옥션블루는 상반기 중 NFT 아트를 거래할 수 있는 플랫폼을 런칭할 예정이다.[18]

---

18) JPG파일이 780억원…NFT아트란?. 2021.3.12. 헤럴드경제

4) 기술개발

(1) 국내

"네이버 SNS 플랫폼 제페토, 메타버스 시대 이끌어"

메타버스의 대표적인 국내 사례는 네이버 자회사 제트에서 만든 **SNS 플랫폼 '제페토'**다. 제페토는 증강현실 아바타 앱 서비스로, 얼굴 인식을 통해 아바타를 만들어 가상의 공간에서 전 세계 이용자들과 소통하고 놀이, 쇼핑, 업무 등의 활동을 즐길 수 있다.

제페토의 인기가 많아지면서 가수나 브랜드를 홍보하기 위해 제페토를 활용하는 기업도 늘어나고 있다. 걸그룹 블랙핑크는 제페토에서 블랙핑크 아바타를 선보였고 버추얼 팬사인회를 진행해 화제가 되었다.

새 미니앨범 '1/6'으로 컴백한 선미 또한 제페토와 손잡고 메타버스 세계관을 적극 활용한 프로모션에 나섰다. 선미는 해당 플랫폼을 통해 본격적인 컴백 전 '컴백 페스티벌 맵'을 개설했다. 이 곳에서는 해당 맵에 숨겨둔 새 미니앨범의 미공개 티저 사진을 찾는 이벤트가 진행됨과 동시에 각 유저들이 선미가 컴백 티저 속에서 입은 의상과 소품도 착용해 보거나 구입할 수 있는 기회가 주어졌다. 최근 문화 소비 트렌드의 중심에 서 있는 MZ 세대가 뜨겁게 반응 중인 플랫폼을 활용한 만큼, 트랙리스트나 타이틀 곡명, 음원 일부 등도 제페토에서 가장 먼저 공개하며 프로모션 효과까지 겨냥했다.[19]

---

19) [홍혜민의 B:TS] 선미 '제페토'→블랙핑크 '동물의 숲'...열렸다, 메타버스 시대. 2021.8.12. 한국일보

한편, 현대차는 제페토에서 차량을 구현해 쏘나타 N 라인을 시승할 수 있게 했다. 아바타를 이용해 영상과 이미지를 제작할 수 있는 제페토의 비디오 및 포토 부스에서 쏘나타를 활용할 수 있게 하여 이용자들이 자동차로 콘텐츠를 생산할 수 있게 하였다.

"메타버스 시장, 글로벌 IT기업 독주 우려,

인재 확보 위해 국내 IT기업들 분발해야"

페이스북, 마이크로소프트(MS), 구글 등 빅테크 기업이 가상현실(VR), 증강현실(AR) 등 메타버스 주요 기술 관련 유망 기업과 인재를 스카웃하며, 국내 개발자를 대상으로 입사 제의를 전방위적으로 진행하고 있다. 대기업보다 높은 임금을 제시하거나 업무 편의를 위한 원격업무 환경을 지원하며, 젊은 인재 확보를 위해 대학교와도 접촉 중인 것으로 나타났다.

이에 따라 관련 업계에선 차기 메타버스 시장이 대규모 인력풀을 독점한 빅테크 기업의 독무대가 될 수 있다는 사실을 지적하며, 국내 IT기업들이 이에 대하여 경각심을 가져야 한다고 언급했다.

글로벌 기업의 입사제의는 주로 비즈니스 중심 SNS인 링크드인을 통해 이뤄지고 있다. 스택오버플로우 등 개발자 커뮤니티에서 활동했을 경우 개인 메일이나 인스타그램을 통해 입사 제안을 받은 사례도 있다. 세계적으로 아직 메타버스 전문 인재가 부족한 만큼 대학교와 대학원에서 연구중인 학생까지 입사 제안이 오고 있다. 서울대 연구실에서 XR을 연구 중이던 2명의 대학원생도 최근 페이스북에 입사했다.

빅테크 기업의 입사제의가 늘면서 이직 사례도 증가하고 있다. 지난 3년 간 약 20명 이상의 전문가가 빅테크 기업으로 이전한 것으로 알려졌다. 평균 연봉이 국내 대기업의 3배에 달하며, 업무 조건도 월등하기 때문이다. 세계를 주도할 수 있는 대형 프로젝트에 참여해 자신의 가치를 높일 수 있다는 점도 글로벌 IT기업 이직 주요 요인으로 꼽는다. 특히 재택근무로 전환하며 이직에 대한 진입장벽이 대폭 낮아진 것으로 나타났다. 해외 기업 취업의 가장 큰 걸림돌인 이주를 고려할 필요가 없어졌기 때문이다.

이에 대하여 한 관계자는 "AR, VR과 현실을 결합한 메타버스는 기존 개발 방식이나 철학이 상당히 다르기 때문에 전문 개발자를 양성하는 것은 무척 어려운 일"이라며 "그렇기에 빅테크 기업에서도 이들을 노리는 것인 만큼 이들을 놓치지 않고 국내에서 잘 활용할 수 있는 방안을 마련해야 할 것"이라고 강조했다.[20]

최근 국내 대기업들이 급성장하는 메타버스 산업에서 새로운 먹거리를 찾고 있다. 기술력을 가진 관련 기업과 협력할뿐만 아니라 기업을 인수하며 덩치를 키우고 있다.

미국 포춘 비즈니스 인사이트에 따르면 메타버스의 근간을 형성하는 확장현실(XR·증강현실과 가상현실을 고도화한 기술) 시장은 2020년도 44억2000만달러(약 5조1603억원)에서 2028년 840억9000만달러(약 98조1751억원)로 커질 전망이다.

이에 따라 페이스북은 오큘러스를 인수하며 메타버스 시장에 더욱 박차를 가하는 등 세계적으로 메타버스에 대한 관심도는 점점 더 커지고 있는 추세다. 국내 기업도 본격적으로 뛰어들며 시장이 급팽창하고 있다. 메타버스 플랫폼 개발사 프론티스는 한컴MDS의 자회사인 한컴인텔리전스에 인수되며 '**한컴프론티스**'가 됐다. 이로써 한컴그룹은 메타버스 등 정보통신기술(ICT) 사업에서 수직적인 계열화를 이뤘다. 한컴그룹은 한컴프론티스에 다양한 협업과 지원 등을 제공할 방침이다.

실제로 메타버스 열풍은 업종을 막론하고 확산되고 있다. 대기업 중에선 롯데그룹이 특히 두드러진다. 계열사별로는 롯데홈쇼핑이 지난 2019년 증강현실(AR)을 이용해 가전 등을 가상으로 배치할 수 있는 서비스를 업계 최초로 도입했다. **롯데정보통신**은 가상현실(VR) 콘텐츠·메타버스 업체인 비전브이알을 인수했다. 롯데하이마트는 닌텐도 게임에 메타버스를 기반으로 가상의 섬을 만들어 비대면 콘텐츠를 선보였다. 홈쇼핑과 하이마트는 가상 세계에 각각 방송 센터와 전시장을 열고, 정보통신은 관련 기술을 지원할 방침이다.

이와 같은 행보에 대해 전문가들은 메타버스 산업에 뛰어들어 결실을 본 회사들이 자극제가 됐기 때문이라는 분석을 하고 있다. 메타버스 기업인 **엠앤앤에이치(mn-nh)**의 민병왕 대표는 "3년 전까지만 해도 VR이 상용화되지 않았던 데다 투자 포인트가 딥러닝(심층학습) 쪽에 있어 고전했는데, 요즘엔 트렌드가 메타버스로 많이 옮겨왔다는 것을 국내외에서 체감하고 있다"며 "예전보다 투자나 협업 기회가 굉장히 많아져 기쁘게 생각한다"고 말했다.[21]

---

20) 대기업 연봉 3배, 국내 메타버스 전문가 노리는 빅테크.2021.8.23.ZDnet Korea

HANCOM
한컴프론티스

한글과컴퓨터그룹, '한컴프론티스' 로 메타버스 시장에 뛰어들어

한글과컴퓨터그룹이 현재 산업계 키워드로 떠오른 '메타버스' 시장에 뛰어든다. 이에 따라 다양한 계열사에 메타버스 기술을 융합해 시너지를 창출한다는 계획을 밝혔다. 업계에 따르면 한글과컴퓨터그룹은 한컴MDS 연결 자회사인 한컴인텔리전스가 메타버스 플랫폼 개발사 프론티스의 지분 55%를 인수하면서 최대 주주가 됐다.

프론티스는 지난 2001년 설립된 회사로 무기 체계, 자동차 전장 등 신뢰성 평가 사업과 사물인터넷(IoT) 사업을 영위했으며, 2017년부터 가상현실(VR)·증강현실(AR) 등 확장현실(XR) 플랫폼 개발 사업에 뛰어들었다. 3년간 역량을 쌓아 가상교육·회의 플랫폼 'XR판도라'를 출시했다. 거대 가상 도시에 사무실과 쇼핑센터 등이 입주하는 'XR라이프트윈' 출시를 준비하는 등 메타버스 업계 다크호스로 부상했다. 또한 과학기술정보통신부가 주관하는 '글로벌 ICT 미래 유니콘 육성사업'에 선정되는 등 기술력도 인정받았다.

한편, 한컴은 프론티스 인수로 단숨에 메타버스 전문인력과 기술력을 확보한 상태다. 또한 한컴인텔리전스 외에 한컴그룹이 보유한 한컴모빌리티, 한컴로보틱스, 한컴인스페이스, 아로와나금거래소(한컴금거래소) 등과도 협업이 가능할 것으로 기대된다. 프론티스가 출시 예정인 XR라이프트윈은 가상 도시에서 블록체인 네트워크 기반 대체불가능토큰(NFT) 등 가산자산을 통해 가상 토지나 건물 거래까지 이뤄질 예정이다. 아로와나금거래소 등 한컴그룹 자회사의 여러 서비스가 가상 도시 내에서 활용될 여지가 크다.

---

21) 다음 먹거리 찾는 대기업, 메타버스 회사 먹는다. 2021.8.27. Techworld

이에 대하여 업계 관계자는 "최근 메타버스는 게임, 스타트업뿐 아니라 이통사 등 대기업에서도 눈독 들이며 투자와 기술 개발을 강화하는 분야"라면서 "한컴인텔리전스가 기업공개(IPO)를 준비하는 상황에서 차세대 먹거리 기술인 메타버스까지 확보하면서 시장에 긍정적 메시지를 던질 것으로 보인다"고 말했다.[22]

"보안업계, 메타버스 플랫폼 개발 중"

메타버스의 열풍에 국내 보안기업들도 메타버스 플랫폼을 적극 도입하고 있다. 관련 업계에 따르면 IT통합보안·인증 기업 라온시큐어의 자회사 **라온화이트햇**은 최근 개발보안 전문회사 스패로우와 손잡고 소프트웨어 **보안 관련 교육 콘텐츠 및 솔루션 개발에 나섰다. 비대면 보안 교육 사업 강화를 위해서다.** 소프트웨어 보안 취약점 진단 실습 교육 콘텐츠를 공동 개발하고, 이를 라온화이트햇의 비대면 보안실습 교육 서비스인 '라온 CTF'에 추가할 계획이다.

라온화이트햇은 또한 글로브포인트와 함께 VR 기반 상호작용이 가능한 실감형 교육 콘텐츠를 개발 중이다. 대면 실습과 거의 동일한 수준의 가상 실습 환경을 구현하는 것이 목표다. 라온 CTF와 블록체인 DID 기반 비대면 신원인증 플랫폼 '옴니원(OmniOne)', 글로브포인트의 메타버스 교육 서비스인 'VR웨어(VRWARE)'를 결합해 혁신적인 비대면 실습 교육 서비스를 구축하기로 했다.

---

22) [단독]한컴그룹, 메타버스 시장 뛰어든다…전문기업 프론티스 인수.2021.7.1.ETNEWS

이스트소프트는 보안, 백신 소프트웨어(SW)기업을 넘어 인공지능(AI) 기업으로 탈바꿈을 시도하고 있다. 현재 메타버스의 혁신을 주도할 AI 기술인 '몰입 유도', 대용량 데이터 처리, 지능화된 객체 생성 연구에 집중하고 있다.

특히 자회사인 딥아이는 최근 AI와 AR기술을 결합한 안경 쇼핑 플랫폼 '라운즈 (ROUNZ)' 서비스를 출시하면서 '메타버스 커머스'에 첫발을 내딛었다. 라운즈는 딥러닝 기반의 얼굴 인식 기술과 3D 렌더링 기술의 결합을 통한 아이웨어 가상피팅 서비스를 국내 최초로 개발했다. 기술력을 인정받아 애플의 대표 AR 서비스로 선정되기도 했다.

ADT**캡스**는 미래형 인재 양성을 위한 교육사업에 메타버스 플랫폼을 적극 활용하고 있다. 현재 ADT캡스는 고용노동부가 주관하는 'K-디지털 트레이닝' 사업을 통해 '클라우드 보안 융합전문가', '클라우드 기반 데이터 보안 전문가' 과정 등 두 개의 교육과정을 운영 중이며, 오리엔테이션, 강의, 발표회 등 교육 과정 전반에 메타버스 플랫폼을 활용하고 있다.23)

---

23) 보안업계도 놓칠세라 '메타버스' 탑승. 2021.10.13. 아시아경제

com2us

컴투스가 메타버스 사업 확장에 속도를 더하고 있다. 컴투스는 위지윅스튜디오, 데브시스터즈, 정글스튜디오, 케이뱅크 등 게임과 영상콘텐츠, 미디어, 웹툰, 인터넷은행 등 메타버스와 연계된 콘텐츠 밸류체인 구축을 위한 유망기업에 약 3500억 원을 투자했다고 밝혔다. 컴투스는 전체 계열사 및 파트너 기업들과의 사업적 시너지에 방향을 둔 중장기적 투자를 통해 콘텐츠 밸류체인을 구축하고 있으며, 탄탄한 현금성 자산 기반으로 차세대 메타버스 시장을 함께 개척해갈 우수 기업에 대한 투자를 이어간다는 방침이다.[24]

아직 초기 단계이지만 국내 기업들도 메타버스 산업 발전을 위해 동맹을 맺었다. 메타버스 동맹에는 현대차, 네이버랩스, 카카오엔터테인먼트, CJ ENM 등 20여개사가 참여한다. 아직 절대 강자가 없는 메타버스의 주도권을 한국이 가져오자는 취지다.

앞으로 '메타버스 얼라이언스'는 VR·AR 등 가상융합(XR) 디바이스 기술 확보에 적극 나설 전망이다. 전문가들은 XR 기술을 '메타버스' 시대를 열 핵심 인터페이스로 꼽고 있다. 아울러 메타버스 시장 관련 법·제도 정비를 위한 논의도 해나갈 예정이다.

---

24) 컴투스, 메타버스 유망기업에 3500억원 투자. 2021.10.19. 스포츠동아

삼성전자 투자 전문 자회사 '삼성 넥스트'

삼성전자가 '메타버스(Metaverse·초월과 현실 세계의 합성어)' 시대를 주도하기 위해 스타트업 투자에 나섰다. 삼성넥스트에 따르면 이 회사는 최근 '텔레포탈(Teleportal)'이 모집한 170만 달러(약 19억 원) 규모의 시드(Seed) 라운드에 참여했다. 삼성넥스트는 실리콘밸리에 있는 삼성전자 투자 전문 자회사다.

초기 투자 개념인 시드 라운드라 삼성넥스트의 이번 투자액이 크진 않지만, 메타버스 시장이 커지는 데 중요한 역할을 할 콘텐츠 분야 투자라는 점에서 의미가 있다는 분석이다. 삼성넥스트가 투자한 텔레포탈은 미국 로스앤젤레스에서 2017년 설립됐으며, 개발자 및 콘텐츠 제작자를 위한 '공간 컴퓨팅(spatial computing)' 스타트업이다. 직관적인 3D 인터페이스를 갖춘 지능형 도구 등을 통해 각종 VR(가상현실)· AR(증강현실) 관련 콘텐츠를 쉽게 만들 수 있게 해준다.

공간 컴퓨팅은 메타버스를 구현하게끔 하는 넓은 의미의 컴퓨팅 기술을 총칭한다. 즉 현실 세계에서 필요에 따라 디지털 콘텐츠를 불러낼 수 있다는 개념이다. 공간이 디스플레이가 되는 셈이다. 공간을 디스플레이로 가능하게 하는 도구로는 'AR 글라스'와 'VR 헤드셋' 등을 꼽을 수 있다.

특히 메타버스의 시대의 성공을 위해선 콘텐츠 확장이 필요한데, 업계 관계자는 "기존에도 가상세계를 구현할 신기술들은 지속해서 발전했지만, 이에 발맞춰 소비자들을 끌어들일 매력적인 콘텐츠가 없었다"고 지적했다. 실제로 메타버스 콘텐츠를 제작할 수 있도록 돕는 도구가 플랫폼 내에 갖춰져 있는 게 필요하다. 삼성넥스트의 이번 텔레포탈 투자도 콘텐츠 활성화의 일환으로 풀이된다.[25]

(2) 해외

마이크로소프트		VR·AR 플랫폼 '메시(Mesh)', AR기기 '홀로렌즈2' 등 개발
구글		3차원 온라인 영상대화 '스타라인'
페이스북		가상현실 기반 소셜네트워크서비스(SNS) 호라이즌
엔비디아		시뮬레이션 협업을 위한 가상공간 플랫폼 '옴니버스 엔터프라이즈'

글로벌 IT기업 메타버스 관련 기술개발 현황

페이스북, 이제 SNS기업이 아닌, '메타버스 기업'으로 거듭날 것

　해외에서 주목해 볼만한 메타버스 사례는 바로 '페이스북'이다. 페이스북은 메타버스 사업에서 가장 앞선 기업이다. 소프트웨어와 하드웨어 역량을 모두 갖추고 있기 때문이다. 페이스북은 VR 기기 개발업체 '오큘러스'를 지난 2014년 20억달러(약 2조3380억원)를 들여 인수했다. 당시 페이스북 투자 중 최고액이었다. 2019년부터는 오큘러스의 VR 헤드셋 전용 플랫폼 **'페이스북 호라이즌'**을 비공개 테스트하고 있다. 가상현실 속에서 자신의 캐

---

25) '메타버스'를 잡아라⋯ 삼성전자, 美 공간컴퓨팅 스타트업 투자. 2021.7.5. 이투데이

릭터를 생성해 타인과 이야기를 나누고, 영화를 함께 보거나 게임을 즐길 수 있는 소셜 플랫폼이다. 현재 가상 일터 **'인피니티 오피스'**도 개발 중이다.

 이러한 기술에 대하여 마크 저커버그 CEO는 미 정보기술(IT) 전문매체 '더 버지'와의 인터뷰에서 "다른 장소에 있지만, 다른 사람들과 함께 있는 것처럼 느껴질 것"이라며 "춤을 추거나 함께 운동 강습을 받는 등, 애플리케이션(앱)이나 웹페이지에서는 할 수 없는 다양한 경험을 하게 된다"고 설명했다. 또한 최근 인터뷰에서 "5년 후 페이스북은 사회관계망서비스(SNS)가 아닌 메타버스 기업으로 간주될 것"이라고 강조했다.[26]

 이와 같은 페이스북의 '메타버스 기업 변신' 선언을 지켜보면 오큘러스 인수는 예사롭지 않아 보인다. 페이스북에게 오큘러스는 다가올 미래를 구현할 중요한 요소일 가능성이 많기 때문이다. 저커버그는 일찍부터 VR 플랫폼에 대해 강한 의욕을 보여 왔다. 2016년엔 VR 플랫폼의 미래를 보여주는 깜짝 쇼를 펼치기도 했다.

 저커버그는 오큘러스 인수 2년 뒤인 2016년 스페인 바르셀로나에 열린 갤럭시S7 언팩 행사에 깜짝 등장했다. 그런데 당시 무대 입장 장면이 아주 인상적이었다. 삼성 기어VR에 몰입해 있는 관객 사이로 유유히 등장했다. 그리곤 "VR은 가장 뛰어난 소셜 플랫폼이 될 것"이라고 선언했다. 모두가 VR 세상에 몰입해 있는 사이를 유유히 걷는 저커버그의 사진은 마치 '세상의 지배자'를 연상케했다. 이와 같은 페이스북의 행보는 향후 실질적으로 '메타버스' 구현을 펼쳐보일 것으로 예상되어, 그 귀추가 주목된다.[27]

---

26) AR·VR 헤드셋 쓰면 가상세계 활짝… '메타버스'가 뜬다 [세계는 지금].2021.8.22.세계일보
27) 페이스북을 보면 '메타버스의 미래'가 보인다. 2021.8.17. ZDnet Korea

<h1 style="text-align:center">가상현실 회의공간, '호라이즌 워크룸' 선보여</h1>

 페이스북이 가상현실 회의공간 '호라이즌 워크룸'을 선보이며 메타버스 구현에 한 발짝 다가갔다. 호라이즌 워크룸에서는 임직원들이 자신의 아바타로 가상 회의 테이블에 앉아서 화상 회의에 참여하는 방식으로 회의가 진행된다. 최대 16명이 가상 회의 테이블에 앉을 수 있으며, 사용자들은 PC에 워크룸 앱을 설치하고 페이스북의 '오큘러스 퀘스트 2' 헤드셋에서도 앱을 가동해야한다. 헤드셋에서 자신의 아바타를 만들고 채팅방에 입장하면 된다. 컴퓨터에도 연결돼있기 때문에 가상 회의 공간에서 자신의 PC 화면을 확인하고 메모도 할 수 있다. 사용자가 움직이면 아바타도 비슷한 동작을 취하게 된다.

 페이스북은 미국 기자들을 초청해 호라이즌 워크룸을 시연했다. 뉴욕타임즈(NYT), 경제방송 CNBC 등에 따르면 회의엔 마크 주커버그 페이스북 창업자 등 페이스북 임직원과 기자 등이 참여했다. 주커버그는 남색 긴팔 티를 입은 아바타로 등장했다. 페이스북 임원들은 디지털 보드에 그림을 그리고 화면을 공유했다.

 아바타를 통해 회의에 참석한 앤드루 보스워스 페이스북 리얼리티랩 부사장은 "게임이나 오락뿐만 아니라 '좀 더 진지한 일'을 하기 위해선 사람들이 서로 멀리 떨어져 있지만 '존재감'을 가질 수 있어야 한다"며 "(워크룸은) 영상통화에서 할 수 없는 다른 일"이라고 말했다. 한편, 마크 주커버그 페이스북 창업자는 "6개월 동안 내부 회의에서 워크룸을 사용했다"며 "전화나 컴퓨터에 구축했던 기존 소셜네트워크 앱보다 더 풍부한 상호작용이라고 생각한다"고 언급했다.[28]

---

28) '메타버스'에 꽂힌 마크 주커버그…페이스북 '가상 회의' 앱 공개. 2021.8.20. 한경

페이스북이 메타버스(3차원 가상세계) 분야에서의 경쟁력 확보를 위해 유럽에서 대규모 인력 채용에 나서겠다고 밝혔다. CNBC는 페이스북이 앞으로 5년간 유럽연합(EU)에서 1만개의 일자리를 창출할 예정이라고 전했다. 구체적으로는 독일과 프랑스, 이탈리아, 스페인, 폴란드, 네덜란드, 아일랜드 등에서 인력을 집중적으로 채용할 예정이다.

페이스북의 글로벌 업무 책임자는 "유럽은 페이스북에게 매우 중요한 지역"이라며 "EU에는 수천명의 직원들이 있으며 수백만개의 기업들이 우리의 앱과 도구를 이용하고 있다"고 했다.

페이스북의 창업자인 마크 저커버그는 향후 5년 안에 페이스북을 소셜미디어(SNS) 기업에서 메타버스 기업으로 탈바꿈시키겠다는 비전을 밝히기도 했다. 그는 "메타버스는 가장 명확한 형태의 존재감을 전달하는 기술"이라며 "가상현실(VR)과 증강현실(AR), PC, 모바일 기기, 게임 콘솔 등 모든 컴퓨팅 플랫폼에서 접속할 수 있다"고 강조했다.[29]

한편, 마이크로소프트는 개발자행사 '이그나이트'에서 혼합현실(MR) 플랫폼 '메시'를 공개했다. 메시는 호환되는 기기를 착용하면 서로 다른 곳에 있는 사람도 같은 공간에 있는 것처럼 느끼고 대화할 수 있게 하는 플랫폼이다. 이 같은 가상세계를 구현하려면 클라우드 기술이 필수다. 메시도 MS의 클라우드 플랫폼 애저(Azure)를 기반으로 작동한다. 메시는 파트너들과 새로운 콘텐츠 생태계를 만들기 위해 플랫폼을 제공한다는 계획이다.

---

29) 메타버스 키우는 페이스북… "유럽서 1만명 뽑는다". 2021.10.18. 조선비즈

　구글은 개발자대회 '구글I/O'에서 3D 통신기술 프로젝트 '스타라인'을 공개했다. 온라인으로 두 사람이 얼굴을 마주보며 대화할 수 있는데, 상대방이 손에 만져질 듯한 생생한 입체로 등장해 대화한다는 점이 특징이다.

　프로젝트 스타라인은 AR·VR 안경이나 헤드셋 없이도 실물 같이 사실감을 전달하는 혁신 기술인 '라이트 필드 디스플레이 시스템'이라는 하드웨어 기술에 컴퓨터 비전, 머신러닝, 공간감 오디오, 실시간 압축 등 소프트웨어 기술을 결합해 마치 누군가가 당신의 바로 앞에 앉아 얘기하는 것처럼 느끼게 해준다. 구글은 고해상도 카메라와 깊이(depth) 센서로 촬영한 이미지를 합친 뒤 100배로 실시간 압축 전송해 이 기술을 구현했다고 덧붙였다.

　한편, '구글 미트'는 코로나19 기간 동안 온라인 교육이나 원격근무, 개인적인 만남을 위한 인기 서비스로 자리 잡았다. 구글은 줌, MS 팀스 등의 경쟁 서비스와 구글 미트를 차별화하기 위해 최근 새로운 기능을 추가했다. 하지만, 구글은 이번에 공개된 프로젝트 스타라인의 기술이 화상채팅 시 화면 배경을 바꾸는 등을 뛰어넘는 수준이라고 언급했다.[30]

---

30) 구글 3D 영상채팅 '스타라인'…"바로 앞에 있는 것처럼 대화". 2021.5.20. ZDnetKorea

엔비디아도 메타버스 시대에 가장 적극적으로 대응하는 기업 중 하나다. 엔비디아는 지난 '엔비디아 GTC 2021'에서 '옴니버스 엔터프라이즈'를 공개했다. '옴니버스 엔터프라이즈'는 기업을 위한 메타버스 플랫폼으로 전 세계 3D디자인팀이 가상 공간에서 협업할 수 있도록 지원한다.

젠슨 황 엔비디아 창립자 겸 CEO는 "엔비디아의 원격 협업을 위한 디자인팀 연결부터 공장과 로봇의 디지털 트윈 시뮬레이션에 이르기까지 옴니버스의 적용범위는 매우 다양하다"며 "공상과학소설에 등장했던 메타버스의 실현이 한층 가까워졌다"고 강조했다.[31]

한편, 엔비디아의 시뮬레이션 기술 부사장인 레브 레바레디안은 "메타버스는 디지털과 현실을 불문하고 특정 애플리케이션이나 장소에 얽매이지 않는 플랫폼"이라며, "우리는 메타버스를 통해 현실만큼 풍부한 경험을 제공하는 또 다른 세계를 만들기 위해 논의하고 있다"라고 말했다.

엔비디아는 옴니버스가 메타버스 세계를 구축하는 방법은 세 부분으로 구성된다고 설명했다. 첫 번째는 여러 사용자를 연결하고 3D 에셋의 상호 교환 및 씬 디스크립션(scene description)을 지원하는 데이터베이스 엔진인 옴니버스 뉴클러스(Nucleus)이다. 이는 모델링, 레이아웃, 음영 처리, 애니메이션, 조명, 특수 효과, 렌더링 등 서로 다른 작업을 담당하는 디자이너들을 상호 연결하며, 협업을 통해 다양한 장면을 제작하도록 한다.

두 번째는 컴포지션, 렌더링 및 애니메이션 엔진을 비롯한 가상 세계의 시뮬레이션이다. 물리적 현상에 기반하도록 제작된 옴니버스는 엔비디아 RTX 그래픽 기술을 통해 빛이 실시간으로 가상 세계에 적용되는 방식을 시뮬레이션해 완벽한 패스 트레이싱을 지원한

---

31) '무궁무진한 세계' 메타버스 플랫폼 잡아라.. 구글·네이버 등 국내외 빅테크기업 '각축전' ['게임체인저' 된 메타버스]. 2021.5.30. 파이낸셜뉴스

다.

 세 번째는 엔비디아 클라우드XR(CloudXR)이다. 클라우드XR은 오픈VR(OpenVR) 애플리케이션의 확장 현실(XR) 콘텐츠를 안드로이드 및 윈도우 기반 디바이스로 스트리밍하기 위해 클라이언트 및 서버 소프트웨어를 포함하며, 이로써 사용자는 옴니버스에 자유롭게 연결된다.

 엔비디아는 2020년 12월에 옴니버스를 오픈 베타 버전으로 출시하고, 엔비디아 옴니버스 엔터프라이즈(Omniverse Enterprise)를 2021년 4월 오픈 베타 버전으로 출시했다. 다양한 산업군의 전문가들이 빠르게 업무에 옴니버스를 활용하고 있다.[32]

---

32) 엔비디아, 메타버스 전략 발표…"옴니버스로 실시간 3D 협업 지원" 2021.8.12. CIO Korea

2. 비대면(연격)의료

비대면 의료는 환자가 의료인과 직접 대면하지 않고 의료서비스를 받을 수 있는 모든 의료 형태를 포함하는 개념으로, 관련 기술과 규제 및 제도적 이슈에 따라 두 가지 유형으로 분류할 수 있다.

분류	소분류	정의
디지털치료제 (Digital Therapeutics)	기존 치료제 대체	질병 또는 장애를 예방, 관리 및 치료하기 위해 환자에게 직접 적용되는 근거기반의 소프트웨어 제품
	기존 치료제 보완	
원격의료 (Telemedicine)	원격진료	의사가 ICT 기술을 활용하여 환자에게 제공하는 원격진단과 원격치료 중심의 의료서비스
	원격수술	
	원격모니터링	

[표 2] 비대면 의료의 분류와 정의

헬스케어 생태계 내에서 비대면 의료에 해당하는 디지털 치료제와 원격의료의 범위는 아래 그림과 같다. 이때 '의료'의 범위는 「의료법」 제2조에 정의된 '의료인' 중 의사, 치과의사, 한의사가 행하는 진단, 처방 및 치료 등 전문적인 서비스 영역으로 본다. 참고로, 의약품 판매는 '의료'의 범주에 속하지는 않지만, 비대면 의료 시스템의 실효성을 위해서는 '온라인 약국'에 대한 논의도 필요하다.

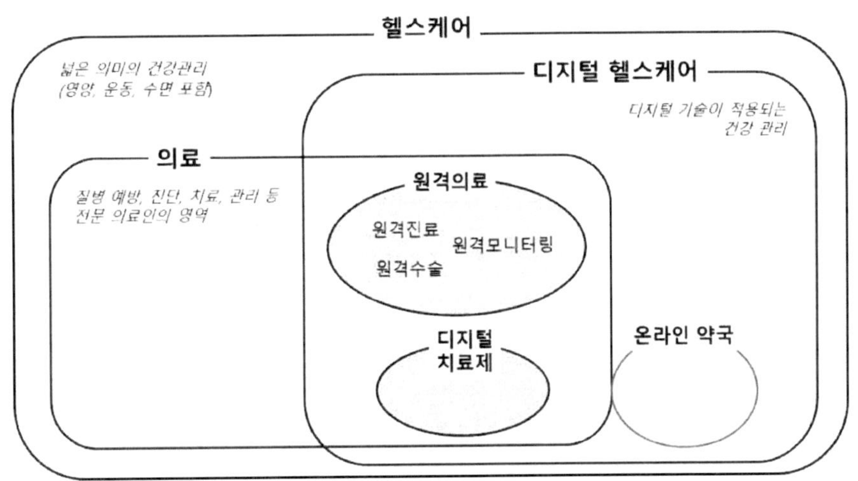

[그림 33] 헬스케어 생태계 내 비대면 의료

한편, 원격의료는 의사와 환자가 멀리 떨어져 있는 장소에서 행하는 의료행위를 의미하며, 정보통신기술(ICT)을 이용하여 환자의 상태를 파악하여 적절한 진료를 하는 것을 의미한다. 원격의료는 대상을 기준으로 크게 "의사-의료인"간 원격의료(혹은 원격협진)와 "의사-환자"간 원격의료로 구분되며, 의사와 의사 사이의 원격의료는 현재 한국에서도 합법으로 원격진료는 원격의료의 한 부분이라고 할 수 있다.

현행 국내 의료법상 의료 행위는 의료기관 내에서만 할 수 있다. 원격의료의 경우 의사와 의료인간 협진에만 일부 허용되며 의사와 환자간 원격의료는 허용되지 않고 있다. 심지어 격오지 군부대 장병, 원양선박 선원, 교정시설 재소자 및 도서·벽지 주민 등 대면진료가 어려운 곳도 시범사업 형태로만 이뤄지고 있다.[33]

원격진료는 원격의료보다 더 좁은 범위의 개념으로 의사가 원격으로 환자를 진료하는 행위를 의미하는데, 원격의료에 대한 개념상의 정의가 명확하게 이루어져있지 않기에 우리나라 정부도 원격의료와 원격진료라는 단어를 혼재하여 사용하고 있다.

원격의료 논의에서 가장 중요한 것은 개념에 관한 정의로 관련 용어에는 원격진료와 원격의료가 있다. [34]

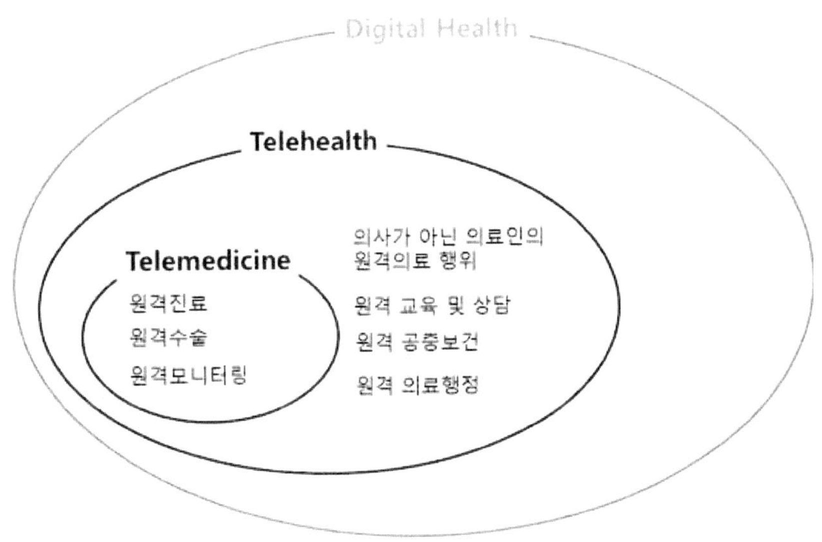

[그림 34] 원격의료 관련 용어와 개념

33) 원격진료, 한국IR협의회, 2019.09.26
34) 비대면 시대, 비대면 의료 국내외 현황과 발전방향, KISTEP Issue Paper, 2020

원격진료는 '의사(physician)'가 ICT 기술을 활용하여 환자에게 제공하는 원격진단과 원격치료 중심의 의료서비스를 일컫는 개념이다. 2010년 WHO 보고서에 따르면 원격진료는 다음의 4가지 특징을 가진다.

원격 진료의 특징
1) 의료행위를 지원하기 위해 사용
2) 지리적 제한을 극복하기 위해 사용자들을 연결하기 위한 목적으로 사용
3) 다양한 ICT 기술을 활용함
4) 의료 품질 향상, 비용 절감 등 의료지표 개선을 목적으로 함

[표 3] 원격 진료의 특징

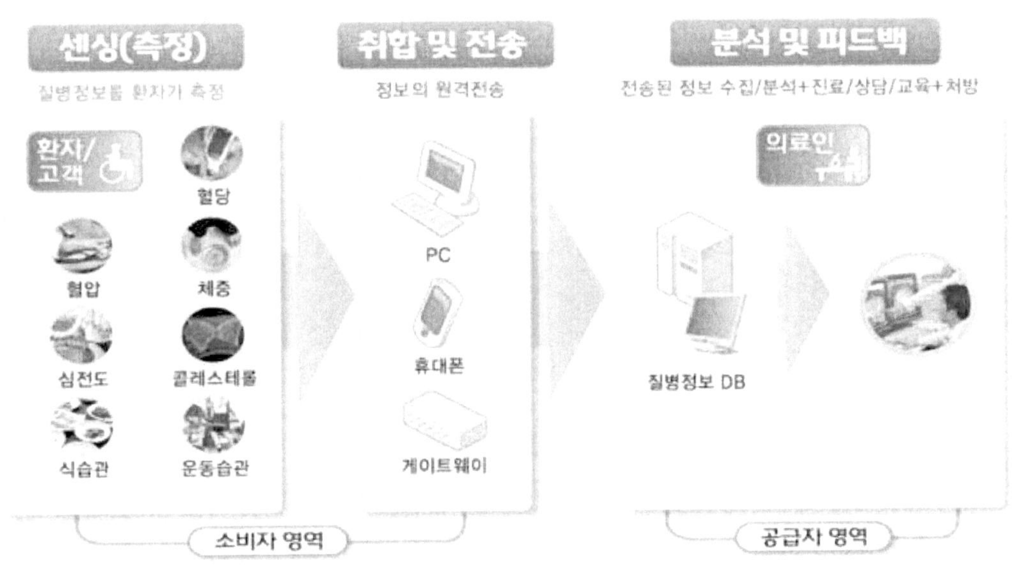

[그림 35] 원격진료 개념도

원격의료는 원격진료보다 넓은 의미의 개념으로 의사 뿐만 아니라 간호사, 약사 등 모든 의료 관련 종사자가 원격으로 행하는 관련 서비스(의료행위, 교육 및 상담, 공중보건, 의료행정 등)를 포함한다.

원격의료의 유형은 크게 서비스 방식에 따라 '동기화(실시간)'와 '비동기화', 그리고 의료행위에 따라 '원격진료', '원격수술', '원격모니터링'으로 나눌 수 있다.

분류	특징
동기화(실시간) Synchronous	실시간, 쌍방향으로 이루어지는 원격의료 (예: 의사-환자 간 화상을 통한 실시간 원격진료, 의사-의사 간 실시간 원격협진)
비동기화 Asynchronous (Store and Forward)	저장된 의료정보 전송을 통한 원격의료 (예: 의사-의사 간 원격협진을 위해 진료기록 전송, 피부질환 진단을 위해 환자가 질환부위 사진을 의사에게 전송)

[표 4] 서비스 방식에 따른 원격의료 유형

분류	특징
원격진료	화상, 전화, 채팅, 이메일, 문자 등을 통해 이루어지는 진찰, 상담, 처방 (의사-환자, 의사-의사 협진)
원격수술	로봇을 활용한 수술, 의사-원격의사 간 협진을 통한 수술
원격모니터링	맥박, 심호흡, 혈압, 혈당, 심전도(ECG) 등의 환자데이터를 원격으로 모니터링

[표 5] 의료행위에 따른 원격의료 유형

의료 분야 중 영상의학과(radiology)의 원격의료 활용이 가장 활발하며, 피부과, 심장내과 등 분야에 따라 다양한 형태의 원격의료 적용이 가능하다.

전통적으로 오지나 군대, 감옥 등 환자-의사 간 지리간 제한이 있는 경우를 중심으로 원격의료가 활발하게 활용되었으며, 특수한 지역인 해상, 우주, 극지방에서 발생하는 환자를 위해서도 원격의료가 활용되고 있다. 또한, 특수한 상황인 자연재해(지진, 화산폭발, 홍수 등), 화학사고, 감염병으로 인한 팬데믹(pandemic) 등에 원격의료의 역할이 중요하다.

글로벌 원격의료 시장은 원격모니터링, 원격진료상담, 원격의료교육, 원격의료훈련, 원격수술 등으로 구분된다. 현재 가장 큰 시장을 형성하고 있는 분야는 원격진료상담 서비스이지만, 향후 노년층의 증가에 따른 당뇨병, 파킨슨병 등과 같은 질환의 증가에 따라 원격모니터링 서비스 분야도 빠르게 성장할 것으로 보인다.

원격진료와 관련된 산업생태계는 **스마트 헬스케어**라는 새로운 산업으로 진화하고 있다. 최근 정부에서도 기존의 '원격의료'라는 표현을 '스마트의료'라는 표현으로 바꾸어 사용하고 있다. 스마트 헬스케어는 4차 산업혁명의 핵심 ICT 기술인 IoT(Internet of Things, 사물인터넷), 클라우드 컴퓨팅, 빅데이터 및 인공지능(AI, Artificial Intelligence)을 헬스케어와 접목한 분야다.

1) 세계 동향

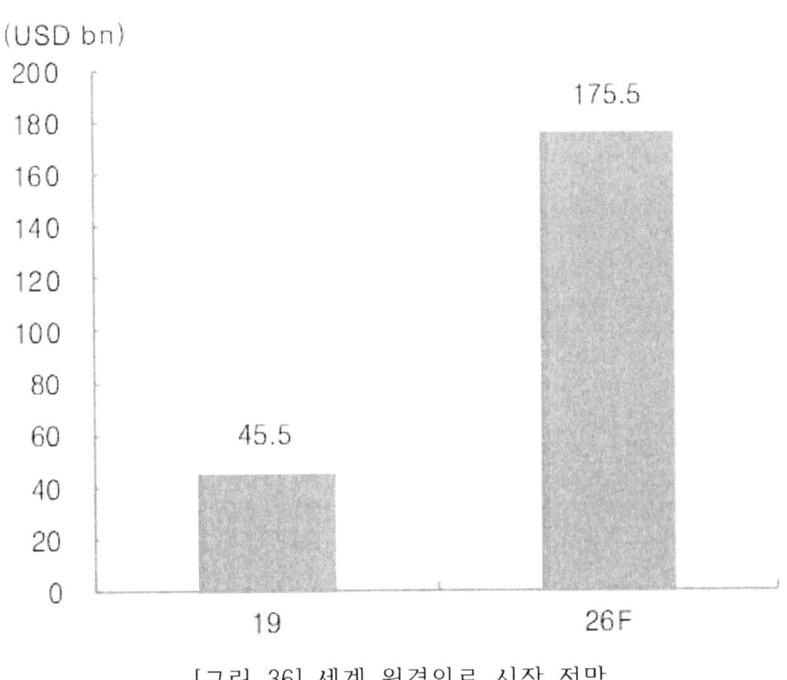

[그림 36] 세계 원격의료 시장 전망

시장조사기관 Statista에 따르면, 글로벌 원격의료 시장은 2019년 460억 달러에서 2026년 1,760억 달러로 연평균 21.3%의 높은 성장이 전망된다. 원격의료는 장소의 제약 없이 빠른 의료서비스를 제공받을 수 있다는 점이 특징적이다. 따라서 의료 자원이 부족한 중국과 의료 접근성이 낮은 미국 등의 국가에서 원격의료에 대한 수요가 매우 높다.[35]

코로나 19확산으로 인한 확진자의 폭발적인 급증으로 의료시스템이 마비되고 전염에 대한 공포로 환자들이 내원을 기피하는 현상이 발생했다. 또한 다수 국가에서 외출금지, 사회적 거리두기가 시행되며 안전하게 의료 서비스를 받을 수 있는 원격의료에 대한 수요가 급증하였다.

---

35) VI. 원격의료: 코로나 시대의 새로운 의료 트렌드, 대신증권

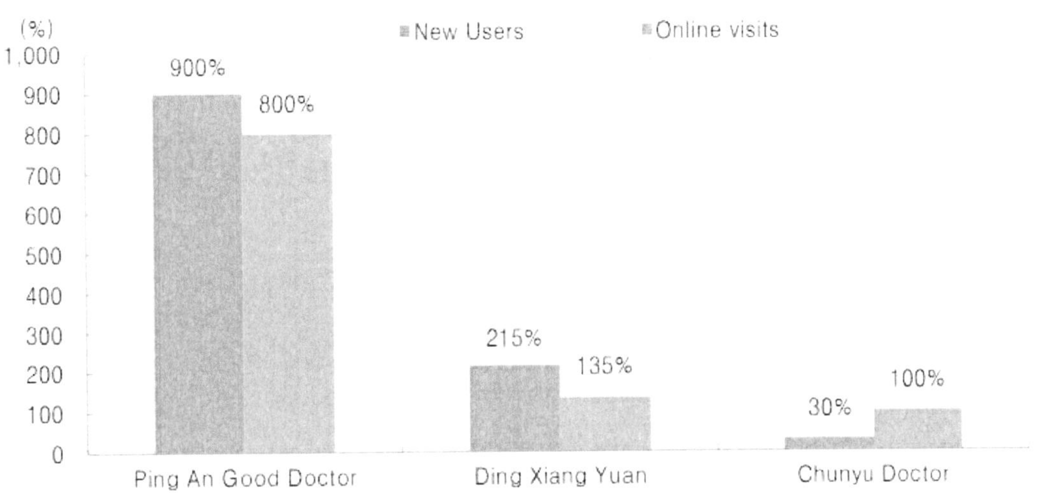

[그림 37] 코로나 19 로 중국 원격의료 플랫폼 사용 증가

중국에서도 코로나 19 사태 이후 온라인 의료상담 플랫폼의 사용 증가 현상이 나타났다. Bain&Company 에 따르면, 2020년 1월 중국 핑안굿닥터의 신규 유저와 방문자는 전월 대비 각각 900%, 800% 증가했다. 또한 중국 원격의료 어플리케이션 딩상위안의 원격의료 상담 수와 원격의료 이용자도 전월 대비 각각 134.9%, 215.3%로 증가하며 원격의료 이용은 큰 폭으로 증가했다.

Grand View Research에 따르면, 원격의료 제품과 서비스를 포함하는 글로벌 시장 규모는 연평균 성장률 15.1%로 성장하여 2019년 414억 달러에서 2027년 1,551억 달러로 증가할 전망이다.[36]

---

36) 비대면 시대, 비대면 의료 국내외 현황과 발전방향, KISTEP Issue Paper, 2020

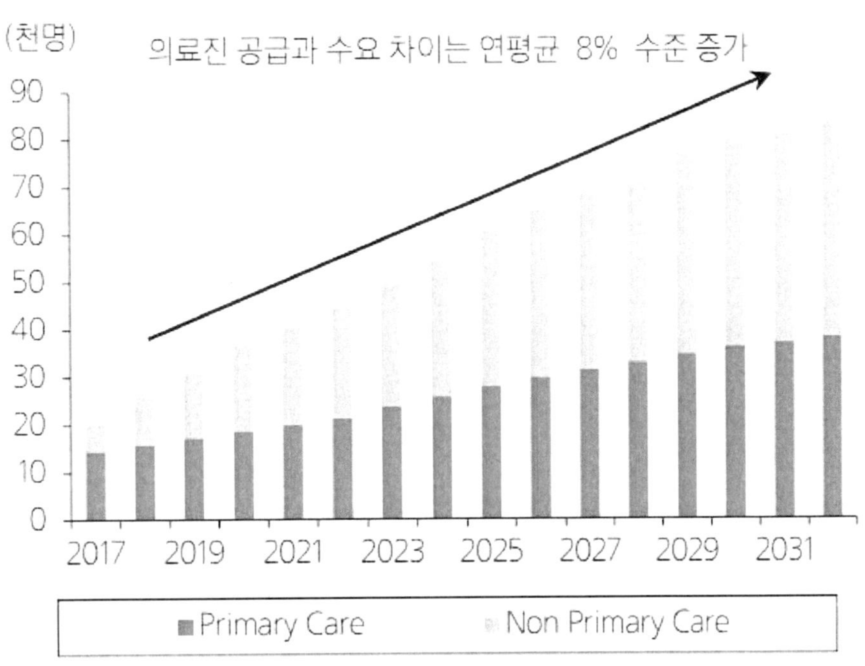

[그림 38] 미국 의료진 부족 전망

AAMC(Association of American Medical Colleges)는 2032년 미국 내 부족 의료진 (수요와 공급 차이)을 4.7만명에서 12.2만명 수준으로 전망했다(평균 8.3만명). 이는 2019 년(평균 3.1만명) 대비 연평균 8%씩 증가해 2배 이상 확대를 가정한 전망치다. 연도별 전 망 범위 평균 값을 기반으로 Primary Care는 3.8만명, Specialty는 4.5만명 수준의 의료 진 부족을 예상했다.

미국의 1인당 의료비용은 1만 586달러로 OECD 회원국 중 가장 높다. 이는 OECD 평균 (3,994 달러) 대비 2.7배에 달한다. GDP 대비 경상의료비 비중도 17.1%로 가장 높다 (OECD 평균 8.8%). 이는 미국 헬스케어 시스템 곳곳에 자리잡은 자유경쟁 요소 영향이 크다. 건강보험이 없는 사람(Uninsured) 비중도 상당(2018년 기준 8.9%)하며 보유 건강 보험 커버리지 외 의료 서비스를 받는 경우 비용이 기하급수적으로 상승한다. 결국 의료 진 부족과 연계되어 비용 대비 제공받는 서비스는 부족하다는 비판으로 이어진다.

이와 같은 미국의 의료체계를 보완할 원격의료는 의료진 자원의 효율적인 분배를 통해 의사 부족현상을 해소할 수 있다. 건강보험 기업 UnitedHealth에 따르면 응급실 진료의 25%는 원격의료로도 충분히 대응 가능한 질병이었다. 원격의료를 통해 진료 시간이 단축 될 수 있어 자연스럽게 의료 서비스 퀄리티의 개선도 기대할 수 있다. 또한 오프라인 진 료 대비 낮은 진료 비용을 통해 의료비용 문제를 해결 할 수 있다.

　UnitedHealth가 조사한 평균 원격의료 진료비용은 $50 수준으로 평균 Urgent Care 진료비용($130) 및 응급실 진료비용($740) 대비 상당히 저렴하다. 원격의료의 비용 감소 효과가 명확하기 때문에 기업이나 보험사의 확대 도입 유인이 충분하고 정책적인 지지도 받을 수 있다. 특히 약가 인하를 포함한 트럼프 행정부 헬스케어 정책들은 궁극적으로 의료비용 감소를 목표로 하고 있는데, 이는 원격의료 도입과 목표하는 바가 일치한다.[37]

　시장조사기업 IBIS World에 따르면 미국의 원격 의료 서비스 시장은 지난 5년간 연평균 34.7%의 폭발적 성장을 지속해 2019년 시장 규모가 24억 달러에 달했다. 통신 및 의료 기술의 발전으로 웨어러블 모니터링 장치, 디지털화된 의료용 이미지 등이 개발되며 원격 의료 서비스 시장의 성장이 촉진되고 있으며, 막대한 의료비용, 의료 서비스 인력 부족, 만성질환을 겪는 고령인구의 증가 등 미국 헬스케어 시스템의 문제 해결을 위해 원격 의료 서비스가 더욱 주목받고 있다.[38]

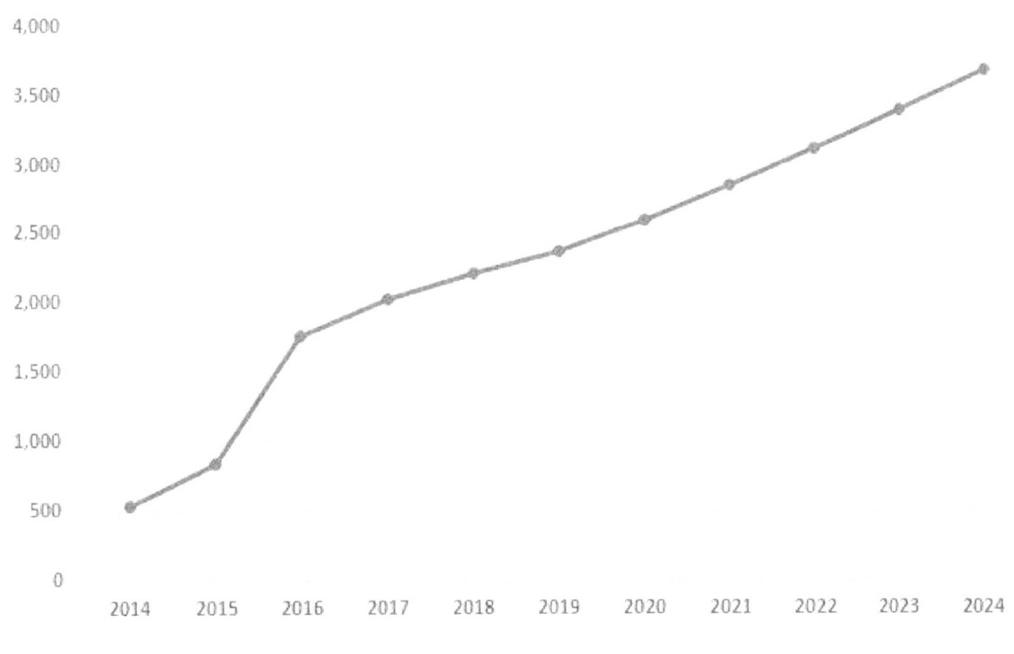

[그림 39] 미국 원격 의료 서비스 시장 규모 및 전망 (단위: 백만 달러)

---

37) Teladoc Health, 삼성증권, 2020.05.08
38) 미국 원격진료 서비스 시장동향, 대한무역투자진흥공자, 2020.03.26

한편, 중국의료의 가장 큰 문제는 의료 쏠림현상이 심화되고 있다는 것이다. 중국은 크게 병원을 1급~3급으로 구분하는데, 8%에 불과한 3급병원에 전체 의료 수요의 50%가 몰리고 있다. 이로 인해 3시간을 기다려 평균 8분정도밖에 진료를 받지 못하고 있다.

의료 쏠림현상의 가장 근본적인 이유는 2가지로 ① 의료자원 부족과 ② 민영병원에 대한 낮은 신뢰때문이다. OECD 통계에 따르면, 중국의 1,000명 당 의사수는 2.0명으로 한국(2.3명), 미국(2.6명), 영국(2.8명) 등 선진국은 물론 OECD 회원국 평균인 3.4명도 하회하는 수준이다. 더욱이 중국에서 의사는 우대받거나 선망받는 직업이 아니다. 대부분 고급인력들은 창업이나 IT 관련된 직종에 종사하기를 원한다.

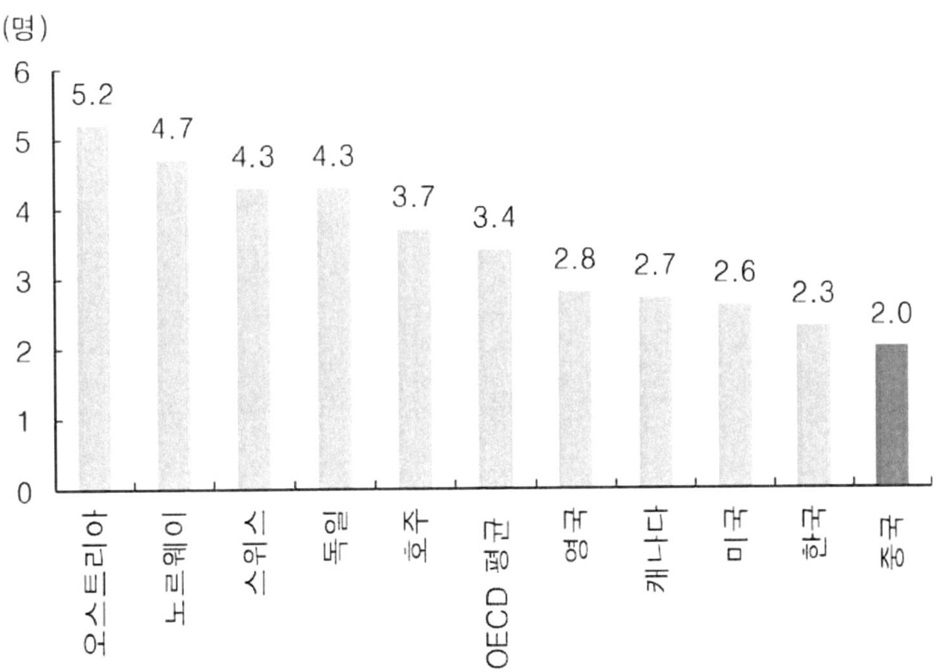

[그림 40] 글로벌 주요국의 인구 1,000명당 의사 수 비교(2017년)

중국내 의사의 임금 수준도 낮은 수준이다. 2014년 중국 국가통계국 발표에 따르면 중국의사 평균 월급이 85만원 수준이었다. 그러다보니 의료에 대한 신뢰도가 전반적으로 낮다. 의료자원이 절대적으로 부족한 상황에서 민영 병원에 대한 낮은 신뢰로 인해 큰병원과 공립병원으로 의료 수요가 몰리는 것이다. 이런 상황에서 중국의 의료관련 지출은 연평균 9.4% 상승하여 2026년에는 약 11.4조 위안에 이를 것으로 추정되고 있다.

중국에서는 기존 의료자원을 최대한 효율적으로 활용하는 것이 현재로서는 최선의 대안으로 보인다. 의료인력 육성은 통상 10년 이상이 소요되는 점에서 빠르게 공급하기가 어렵고, 직업선호도를 고려할 때 대규모로 수요가 몰리는 것을 기대하는 것도 어렵기 때문이다. 이로 인해 중국은 분급진료와 원격의료를 권장하고 있다.

분급진료는 일종의 의료전달체계로 경증환자는 1급, 중증환자는 3급 병원을 이용하도록 하여환자를 분산시키는 것이다. 분급진료와 원격의료는 경증환자 진료에 활용될 수 있어 의료수요를 분산시키고, 의료자원의 효율성을 극대화시키는데 도움을 줄 수 있다.

분류	역할	병상수	병상 당 의료 인력	기타
3급 병원	• 응급, 중증, 난치성 질환 대상 • 학술연구가 필요한 분야 연구	500개 이상	의사 1.03명 간호사 0.4명	• 응급실, 중환자실 필요 • 모든 진료과목
2급 병원	• 회복기, 안정기 환자 대상 • 전문 진료가 필요한 질환 대상	100~499개	의사 0.88명 간호사 0.4명	• 응급실 불필요
1급 병원	• 일반적 초진, 진단이 분명한 일반질환 대상 • 만성질환자 (고혈압, 당뇨병) 관리 • 재활 및 공공 위생 (예방접종 포함) 담당	20~99개	의사 3명 간호사 5명	• 내과, 외과, 산부인과 • 엑스레이 필요

[표 6] 중국 분급진료 시스템 세부 내용

중국에서 원격진료는 현재 전체 진료의 10%정도를 차지하고 있는 것으로 추정되며 2025년 전체 진료의 26%까지 상승하여 948억위안 규모로 성장할 것으로 예상된다.

2) 국내 동향

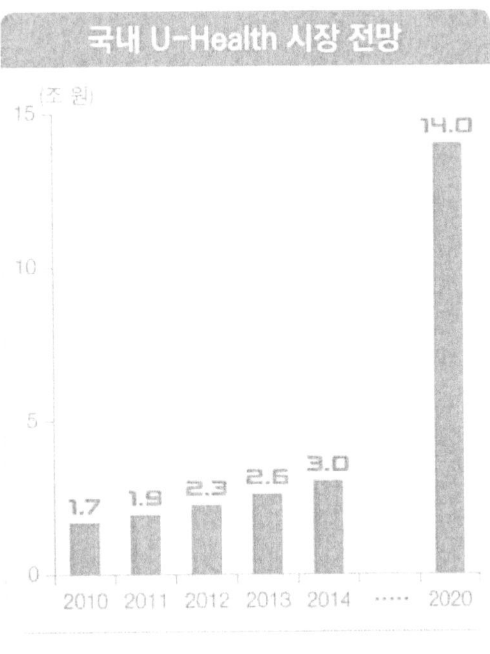

[그림 41] 국내 디지털 헬스 시장 전망

현재 국내의 원격의료 산업이 규제에 막혀 있어, **디지털 헬스 산업 시장**을 통해 향후 원격의료 산업을 전망해보고자 한다. 하지만, 공신력 있는 국내 디지털 헬스 시장 통계도 존재하지 않고 있어, 과거 2010년 한국보건산업진흥원에서 최초 조사한 자료를 기반으로 한 전망 자료가 통상적으로 인용된다.

한국보건산업진흥원은 국내 U-Health 시장 규모를 2010년 약 1.7조 원으로 추산하였고, 이후 2014년 현대경제연구원이 이 수치를 기반으로 2020년 시장이 14조 원에 이를 것으로 전망했다. 2020년 14조 원이라는 수치는 우리나라 디지털 헬스 산업 환경과 각종 제약요인들을 고려했을때 매우 낙관적인 수치라고 판단된다.

유사 시장 사례에 비추어, 국내 디지털 헬스 시장 규모는 2018년 1.9조 원으로 어림 추산된다. 한국의료기기산업협회에 따르면, 2018년 기준 세계 의료기기 시장 규모는 3,864억 달러(464조원)로 추산되고 국내 의료기기 시장 규모는 6조 8,179억 원으로 조사되어, 세계 시장 대비 국내시장 비중은 약 1.5%로 평가된다.[39]

---

39) 글로벌 DNA동향 : 디지털 헬스케어 -, ICT Brief, 2020.06.26

디지털 헬스의 국내 시장 비중이 의료기기보다 낮은 1%라고 임의로 가정하면, 앞서 제시한 2018년 디지털 헬스 세계 시장 규모 1,697억 달러의 1%인 1.9조 원을 2018년 국내 시장으로 어림해 볼 수 있으며, 세계 시장과 동일하게 성장한다면 2024년 4.7조 원까지 성장 가능할 전망이다.

우리나라의 경우 우수한 의료인력, 세계적인 의료 인프라, 뛰어난 디지털 인프라 등 디지털 헬스 산업이 성장할 수 있는 유리한 토대가 마련되어 있음에도 불구하고, 국내 디지털 헬스 산업의 경쟁력은 미국·중국 등 디지털 헬스 선도 국가들과 비교하면 미약한 수준이다.

국내 디지털 헬스 산업의 성장 장애요인으로 편리한 의료접근성과 우수한 의료 인프라, 디지털 헬스 관련 각종 규제, 진단·진료 중심의 의료 수가체계 등이 지적된다. 다른 국가 대비 우리나라의 의료 서비스 접근성/편리성이 높고 의료비 부담이 적은 편인데, 오히려 이런 장점이 건강관리·질병예방에 대한 국민들의 관심(디지털 헬스 수요)을 감소시키는 결과를 초래하는 것이다.

대표적 디지털 헬스 제한 규제로 업계에서는 의료 빅데이터 관련 규제, 원격의료 규제, 소비자 의뢰(DTC) 유전자 검사 규제 등을 지적하고 있으며, 글로벌 100대 디지털 헬스 스타트업 중 63개 기업(75%)이 우리나라에서 규제로 인해 디지털 헬스 사업을 추진할 수 없는 상황이다.

진단·진료 중심의 국내 의료 수가체계는 건강관리/질병예방/사후관리를 포함하고 있지 않아, 수가를 지원받지 못하는 디지털 헬스 신기술은 소비자에게 외면 받을 가능성이 높고, 의료기관 입장에서도 의료 수입에 긍정적이지 않은 디지털 헬스 신기술을 적극적으로 도입할 동기가 부족하다.

"원격의료 일부개정법률안 발의돼"

 만성질환인 고혈압, 당뇨, 부정맥 재진환자에 대해 의원급의 관찰, 상담 등 원격진료를 허용하는 법안이 국회에서 발의됐다. 국회 보건복지위원회 소속 강의원은 2021년 9월 30일 이 같은 내용을 골자로 하는 의료법 일부개정법률안을 대표발의했다고 밝혔다.

 의료 원격모니터링은 자택 등 병원 밖의 환경에서 디지털헬스케어기기 등 다양한 방식으로 측정한 '환자 유래의 데이터'를 병원 등으로 전송하여 의료인에게 데이터를 분석 받고, 이에 따른 진료 등의 권고를 받는 것을 말한다. 즉, 병원 밖 환자에 대하여 의료 진찰 서비스를 제공하는 기술이다.

 그동안 국내에서 의료기술 및 디지털헬스케어기술의 발전으로 의료기관 밖 환자에 대하여 의료 진찰 서비스를 제공하는 원격모니터링 서비스가 기술적으로 가능해짐에 따라, 제도 마련에 대한 필요성이 제기돼 왔다.

 이번 개정안에서는 원격의료 범위 확대를 확대하고 원격의료 소관 의료기관 및 대상 환자의 범위와 원격의료 사고 책임소재를 명확화하는 내용이 들어갔다. 먼저 종전에는 의사가 먼 곳에 있는 의료인에 대하여 의료지식이나 기술을 지원하는 방법에 한정하여 원격의료를 실시하였으나, 앞으로는 의료인이 의학적 위험성이 낮다고 평가되는 만성질환자에 대해 컴퓨터·화상통신 등 정보통신기술과 환자가 재택 등 의료기관 외 장소에서 사용가능한 의료기기를 활용하여 원격으로 관찰, 상담 등의 모니터링을 할 수 있도록 규정했다.

 또한 대형병원 쏠림현상을 방지하기 위해 원격모니터링은 의원급 의료기관만이 할 수 있도록 했다. 아울러 의사와 환자간 원격모니터링이 허용되는 환자는 재진환자로서 장기간의 진료가 필요한 고혈압, 당뇨, 부정맥 환자, 보건복지부 장관이 필요하다고 인정하는 질환으로 정했다.

 아울러 대한심장학회 및 대한부정맥학회에서는 삽입형 제세동기(IDC)의 원격 모니터링을 허용해달라는 주장이 제기된 바 있다. 부정맥 환자에게 이식하는 이 기기는 원래 원격모니터링 기능이 있음에도, 국내에서는 원격모니터링이 불법인 이유로 해당 기능을 꺼두고 사용하는 실정이다. 이외에도 스마트워치 등으로 측정되는 심전도의 원격모니터링을 허용해야 한다는 의료계 일각의 주장도 있었다.

이런 요구에 따라 이번에 발의된 의료법 개정안은 의원급 의료기관에 한정하여, 고혈압, 당뇨, 부정맥 등 기저질환 재진환자에게 행하는 원격모니터링의 법적 근거를 담았다. 또한 의료인에게 대면진료와 같은 책임을 부여하되, 환자가 의료인의 지시를 따르지 않은 경우와 환자의 장비 결함으로 인한 경우에는 면책되도록 했다.

이에 대하여 강의원은 "이제 원격모니터링은 무시할 수 없는 세계 의료의 트렌드가 되었다"면서 "바이오헬스산업의 측면에서도, 환자의 의료 편익 측면에서도 도입이 시급하다"고 강조했다.[40]

" 산업통상자원부, 원격의료 본격화 추진 "

산업통상자원부가 '원격의료' 등 디지털 헬스케어 시장의 산업화를 본격적으로 추진한다. 시장 동향 분석을 강화하고, 처방까지 가능한 원격진료를 허용하는 병원과 기업을 꾸준히 늘려가고 있다. AI(인공지능)를 활용한 영상판독이나 문진 등의 신기술 접목하는 사례도 나왔다. 단, 의료계 반대와 보건복지부와 영역 다툼 등은 산업부의 디지털 헬스케어 개척 과정의 변수로 작용할 가능성이 있다.

산업부는 '디지털 헬스케어 산업 현황조사 및 활성화 방안을 수립'이라는 연구용역을 발주했다. 산업부는 연구용역에서 ▲보건의료 데이터 유통, 비의료 서비스 범위 등 디지털 헬스산업과 관련된 국내 제도 진단 및 해외 제도와 비교 ▲혁신적인 헬스케어 서비스의 시장 진입 촉진 방안 등을 요구했다. 산업부 관계자는 연구용역 이유에 대해 "단순한 치료에서 예방·관리·모니터링 중심으로의 보건의료 패러다임 전환에 대비한 헬스케어 산업 경쟁력을 강화할 필요가 있다"고 설명했다.

앞서 산업부는 규제샌드박스를 통해 2020년 인하대병원, 라이프시맨틱스에 재외국민 비대면 진료·상담 서비스를 임시허가하기도 했다. 2021년 5월 31일에는 하이케어넷, 닥터가이드, 엠디스퀘어, 부민병원, JLK, 비플러스랩 등에 대해서도 임시허가를 부여했다. 이중에는 AI기반 영상판독(JLK), 문진차트 구성(비플러스랩) 등의 서비스도 포함됐다.

---

40) 원격의료, 한시적 허용 넘어 본격화되나. 2021.10.2. 의학신문

한편, 산업부는 원격 의료 사업 주체들을 확보하고 실증 사례를 쌓아가다가 이후 성과가 쌓이면 현재 원격 의료를 제약하고 있는 제도 전반을 시장 친화적으로 개편하는 논의를 본격화할 수도 있다는 입장이라고 밝혔다. 이에 대하여 산업부 장관은 산업융합 규제특례 심의위에서 이와 관련 "사업 효과성이 입증된다면 실제 법령개정까지도 이어질 것으로 기대한다"고 언급했다.

이와 같이 산업부가 원격의료 시장에 관심을 두는 가장 큰 이유는 높은 성장성이다. 시장조사업체 스태티스타에 따르면, 글로벌 디지털 헬스케어 산업 시장 규모는 2019년 1060억 달러에서 2026년 7390억 달러(853조6000억 원)으로 연평균 29.3% 성장이 예상된다.

이미 주요국들은 미래 디지털 헬스케어 시장을 선점하기 위한 전쟁을 벌이고 있다. 사업 범위도 원격진단·처방을 넘어서 예방·관리·모니터링 등으로 확대됐다. 그러나 국내에는 원격의료 산업 스타기업이 없다. 강남언니, 바비톡 등 미용·의료 분야 정보 플랫폼 형태 비즈니스가 발을 떼기 시작했지만, 이들은 미국과 중국의 본격 원격의료 사업모델과는 거리가 있다. 국내에서 의사와 환자 간 진단·처방 등의 의료행위는 원칙적으로 금지되기 때문이다.

문제는 기존 의료체계와 이견을 어떻게 조율하느냐다. 대한의사협회는 현시점에서는 원격의료가 대면진료를 대체할 수는 없고 제한적인 상황에서 보조 수단에 국한해 활용돼야 한다는 입장이다. 안전성 문제와 함께, 대형병원에 환자가 몰리면서 1차 의료기관이 몰락할 수 있다는 우려도 있기 때문이다.[41]

---

41) 의료계 반대에도 '원격 의료' 보폭 넓히는 산업부…850兆 시장, 門 열릴까. 2021.7.26. 조선비즈

 신종 코로나바이러스 감염증(코로나19) 대응으로 한시 도입된 비대면 진료 확대 목소리가 커지는 가운데, 비대면 진료 시 의사가 책임지지 않아도 되는 상황에 대해 비교적 자세히 제시한 관련 법 개정안이 발의돼 주목을 받고 있다. 이번에 발의된 '의료법 개정안'에서는 우선 기존 의료인과 의료인 간 의료지식이나 기술지원 차원에서 실시됐던 원격의료는 '비대면 협진'으로 명칭을 개정했고 의사-환자 간 질병의 지속적 관찰, 상담·교육, 진단·처방이 실시되는 의료행위는 '비대면 진료'로 명시해 두 행위를 구분했다. 또한 환자에 대한 진료는 대면진료가 원칙임을 명확히 하고, 정보통신기술을 활용한 비대면 진료가 대면진료의 보완수단임을 명시했다.

 비대면 진료 대상자는 ▲섬·벽지 거주자, 교정시설 수용자 및 군인 등 의료기관 이용이 어려운 자 ▲대리처방을 받을 수 있는 대리처방환자 ▲고혈압·당뇨병 등 보건복지부령으로 정하는 만성질환자와 정신질환자 ▲수술 후 관리환자 및 중증·희귀난치질환자 등으로 지속적인 관리가 필요한 환자에 한해 실시 할 수 있도록 했다.

 또한 이러한 비대면 진료는 의원급 의료기관에서만 제공하는 것을 원칙으로 하되 대리처방환자, 수술 후 관리환자 및 중증·희귀난치질환자에 대해서는 예외적으로 병원급 의료기관도 가능하도록 했다. 이 외 비대면 진료만 하는 의료기관이 발생하는 것을 방지하기 위해 비대면 진료 환자의 비율이 일정 기준을 초과하는 등 비대면 진료만 하는 의료기관 운영 금지 조항도 명시했다.

 특히 개정안에는 의료인 책임 명확화 및 의료사고 피해보상 관련 내용도 담겼다. 비대면 진료도 대면진료와 같은 책임을 지는 것을 원칙으로 하되 ▲환자가 의사의 지시를 따르지 않는 경우 ▲통신오류 또는 환자가 이용하는 장비의 결함으로 인한 경우 ▲의사의 문진에도 불구하고 환자의 고의 또는 중대한 과실로 자신의 건강상태 등 진료에 필요한 정보를 제공하지 않는 경우 등 '책임지지 않는 사례'를 명확히 규정했다.

 뿐만 아니라 비대면 진료 과정에서 주의의무를 다했음에도 불가항력적으로 발생한 의료사고에 대해서는 국가가 보상을 지원할 수 있도록 했다. 이외에 ▲시스템 구축 등 재정지원 ▲비대면진료 지침마련 ▲비대면 진료 규정 위반에 따른 시정명령 및 개설 허가 취소 등 비대면 진료 실시를 위한 제반 규정들도 담겼다.[42]

" 위드 코로나 시대에 원격의료 지속될 가능성 검토 "

 신종 코로나바이러스 감염증(코로나19)으로 한시적 허용된 원격의료와 의약품 배달 서비스 등에 대한 논의가 이뤄지고 있다. 빠르게 대중화되고 있는 원격의료·약배달 서비스가 '위드 코로나' 시대에서도 지속될지 여부를 가르는 분기점이 될 것으로 보인다.

 관련 업계에선 국정감사를 앞두고, 갈등을 빚고 있는 닥터나우와 약사회 등의 입장을 청취하고, 향후 규제개선 방향에 대한 논의가 본격화될 것으로 보고 있다. 닥터나우는 정부의 비대면진료 한시적 허용 방침이 나온 뒤 원격 진료 및 처방전 원격전송, 처방약 배달까지 원격진료 전 과정의 서비스를 지원하는 플랫폼으로 출시됐다. 의대생 출신인 장 대표가 창업해 이목을 집중시킨 바 있다.

 대한약사회는 닥터나우의 의약품 배송 서비스를 불법으로 규정하고 닥터나우의 서비스 중단을 요구하고 있다. 또한 대한약사회는 약사법 위반 혐의로 닥터나우를 고발한 바 있지만, 무혐의 처분을 받았다. 대한약사회는 개인정보보호법 위반 등으로 고발한 상태다.

 닥터나우는 원격의료 시장을 개척하며 빠르게 세를 늘리고 있다. 닥터나우에 따르면 원격의료 서비스가 코로나19 장기화로 위축된 개별 병·의원과 약국 경영에 수익 채널로 기능해 숨통을 틔웠다고 설명했다. 또한 닥터나우는 병·의원과 약국에 별도의 수수료를 받지 않고 있으며 앞으로도 받지 않겠다는 입장이다.

 닥터나우 등 원격의료·의약품 배송 서비스는 현재 한시적으로 허용된 규정 속에서 운영되고 있지만 향후에도 사업모델이 지속 가능해질 것으로 기대하고 있다. 2020년 6월 국무총리실에서 발표한 규제챌린지 15개 과제에서 비대면 진료 및 의약품 원격조제 규제개선과 약 배달 서비스 제한적 허용 등이 포함됐기 때문이다. 다만 대한약사회 등의 지속적인 요구 등으로 해당 규제 챌린지 과제가 빠르게 실행될 수 있을지 미지수다.[43]

---

42) 원격의료 활성화 날개 다나…'의료진 책임' 최소화 추진. 2021.10.18. 청년의사
43) 성장 가속하는 원격의료·약배달 앱, 국감서 '지속가능성' 확인할까. 2021.09.28. 이코노미스트

3) 원격 의료 기업

코로나19 유행으로 기술 영역에만 머물러있던 원격의료가 실생활에서 다수 활용되면서 효과를 입증했다는 평가가 나왔다. 감염 우려로 대면 진료가 어렵고 의료인력이 부족한 전염병 유행 상황에 알맞은 기술로 그 역할을 해냈다는 것이다.

CES 2021 행사 일환으로 '주류로 떠오른 원격의료(Telemedicine Skyrockets to Mainstream)' 컨퍼런스에서는 CES 디지털헬스 프로듀서를 포함한 5명 전문가가 코로나19 상황에서의 원격의료 활약 사례를 발표했다.

패널로는 아이리스 버만(Iris Berman) 노스웰헬스(Northwell Health) 원격헬스 서비스 부대표, 제이슨 고레비치(Jason Gorevic) 텔레닥 헬스(Teladoc Health) CEO, 바샤 라오(Varsha Rao) 누럭스(Nurx) CEO가 참여했다. 질 길버트(Jill Gilbert) CES 디지털헬스 프로듀서와 제인 사라존(Jane Sarasohn) 칸 헬스 이코노미스트(Kahn Health Economist) 자문위원은 모더레이터를 담당했다.

이날 컨퍼런스에서 전문가들은 코로나19를 계기로 기술 영역에만 머물러있던 원격의료가 실생활에 정착하는데 성공했다고 평가했다. 감염 우려로 대면 진료가 어려워진 상황에서 대안으로 활용된 것은 물론, 감염환자 급증으로 인력이 부족해진 병원을 지원하기도 했다. 환자 상태 악화를 예측하기 어려운 신종 감염병 상황에서 병원 밖 환자 상태를 모니터링해 응급 상황을 방지하는 역할도 수행했다는 설명이다.

전문가들은 코로나19 유행이 종식된 이후에도 원격의료 활용 사례는 줄어들지 않을 것으로 예측했다. 감염병 이외에도 만성질환, 정신질환과 같이 꾸준한 모니터링과 행동 치료가 중요한 영역에서 힘을 발휘할 수 있다는 주장이다.

제이슨 고레비치 텔레닥 헬스 CEO는 "현대 사회에서는 약 60% 질병이 비감염 질병이다. 특히 정신건강은 코로나19로 집에서 머무는 시간이 길어지면서 더욱 중요해졌다. 정신건강을 위한 원격의료는 최근 가장 빠르게 성장한 분야"라고 설명했다.

원격의료 관련 개선을 위해서는 통신과 같은 기반 기술 보급이 핵심인 것으로 보인다. 의료 혜택이 절실하지만 최신 기술 사용이 어려운 노인층을 포용하는 것도 관건이다.

이에 대하여 아이리스 부대표는 "더 나은 광대역 통신 없이는 원격 의료가 성장할 수 없다. 특히 통신 기술 보급이 시골보다 도시에서 좋다는 것은 일종의 신화"라며 "실제로 뉴욕시에는 광대역 가용성이 매우 낮은 지역이 있다"고 주장했다.

한편, 향후 원격의료 방향은 질병이 아닌 사람으로 초점을 옮겨갈 전망이다. 질병이 발생한 에피소드 하나가 아니라 환자에 대한 물리, 심리, 사회적 요소를 모두 고려하는 식이다.

제이슨 CEO는 "현재 전세계에서 가상케어(virtual care)를 필요로 한다. 이는 지리적 한계 뿐만 아니라 낮은 의료 질도 보완할 수 있다"며 "소비자 뿐만 아니라 의사들도 3분의 2 이상이 가상헬스케어가 유용하다고 체감하는 상황"이라고 말했다.

이어 "원격의료 포커스는 진단에서 예측 영역으로, 질병에서 사람으로 변하고 있다. 항시 모니터링은 우울, 불안, 당뇨와 같은 질환 치료에 유용하게 쓰인다. 한가지 질병 이외 여러 기저 질환을 가지는 경우, 독감 등 새로운 질병에 걸리는 경우 등도 고려해 통합적으로 접근할 수 있다"며 "소비자 중심 접근법이 핵심"이라고 강조했다.[44]

---

44) [CES2021] 미국 원격의료, 코로나19로 실생활 정착 성공...MZ세대에 최우선책될 것. 2021.01.14. AI타임스

(1) 텔라닥 헬스[45]

Teladoc.
HEALTH

텔라닥 헬스(Teladoc Health)는 미국 원격의료 선두주자로, 2016년 자사 발표자료를 통해 70% 수준 점유율을 보유하고 있다고 발표했다. 웹사이트 트래픽 추이 등을 기반으로 봐도 과반 이상의 점유율을 유지하고 있는 것으로 추정된다.

텔라닥 헬스는 의료진 네트워크를 구성해 고객에게 원격의료 서비스를 제공한다. 진료과목은 일반 진료(감기 등), 피부과, 정신과, 소아과, 부인과 등 다양하게 제공된다. 고객들은 웹사이트, 앱, 콜 센터를 통해서 진료를 신청할 수 있다. 진료 신청 이후 보유한 보험 커버리지, 성별, 사용 언어 등을 고려해 가장 적합한 의료진을 배정한다. 대기 시간은 통상 10분 정도 소요된다. 진료 후 의료진이 환자의 EHR(Electronic Health Record) 업로드 및 필요 시 전문의 refer 과정을 거쳐 서비스가 마무리된다.

텔라닥 헬스는 기업과 계약을 맺거나, 건강보험 기업과 파트너십을 통해 직장 건강보험 가입자 플랜(커머셜 보험)에 원격의료 서비스를 제공한다. 고객과 직접 계약을 맺기 보다는 우회한 B2B2C 형태 사업모델이 기본이다. 해당 모델은 고객의 대량 확보를 통해 안정적 매출유지가 가능하다. 20년 1월 기준 고객사는 1.2만개(포춘500 기업 중 40%), 파트너십 체결 건강보험 기업은 50개 이상이다. 미국 내 멤버십 가입 고객은 4,300만명에 달한다. 멤버십 없이 진료 받은 고객 고려 시 미국 인구 20%가 동사 플랫폼을 활용 중이다. 3,100명 네트워크 소속 의료진과 5만명 전문가 자문 네트워크는 지속적인 확대가 전망된다.

---

45) Teladoc Health, 삼성증권, 2020.05.08

PEPM(Per Member Per Month; 고객 당 월간 구독료) + Visit Fee 모델을 통해서도 진료 수수료(Visit Fee) 매출액이 발생하지만 구독료 없이 고객이 진료를 받을 경우에만 매출액이 발생하는 VFO(Visit Fee Only; 고객 진료 횟수 당 이용료) 모델은 2018년 도입됐다. VFO 모델 고객의 활용률(Utilization)은 구독 고객 대비 낮기 때문에 활용률 개선에 따른 매출 성장 가속화를 기대할 수 있다 향후 건강보험 파트너십 확대 과정에서 구독 멤버십과 VFO 모델 간 고객 구성을 주목해야 한다.

매출모델	주요 내용
PEPM+ Visit Fee	PEPM은 최소 $0.15에서 수달러 범위로 책정 일반 진료 Visit Fee는 $49
PEPM Only	PEPM은 최대 $10 수준 일정 횟수 진료가 포함, 중소기업이 선호
VFO	2018년부터 도입된 모델, 진료횟수마다 지급 Visit Fee가 상대적으로 높음 ($150 수준)
Providers(의료시설)	Provider 고객에게 연간 반복 라이선스 fee 수령

[표 7] 텔라닥 헬스 매출 모델 요약

텔라닥 헬스는 매년 최소 1회 이상의 M&A를 진행하고 있다. 향후에도 기존 서비스를 기반으로 인수를 통해 부족한 부분을 채우는 형태의 사업 확장이 기대된다.

일자	피인수기업	딜 규모 (백만달러)	인수목적
2015년 6월	StatDoc	30.1	보험사 및 공제회 파트너십 확대
2016년 7월	HealthiesYou	145.3	중소기업 시장 확대
2017년 7월	Best Doctor	440.0	2차 소견 서비스
2018년 5월	Advance Medical	351.7	해외 사업 확대
2019년 5월	MedicinDirect	n/a	해외 사업 확대
2020년 1월	InTouchHealth	600.0	의료시설 원격의료 플랫폼

[표 8] 텔라닥 헬스 주요 M&A

텔라닥 헬스의 높은 점유율 유지 기반에는 1) 다양한 파트너십과 2) 비용 경쟁력이 존재한다. 건강보험 기업과의 파트너십 측면에서 텔라닥 헬스는 주요 건강보험사(6개)중

UnitedHealth Group(UNH), Aetna(CVS), Centene(CNC) 세 곳과 협력 중이다. 텔라닥 헬스는 가장 많은 파트너십을 체결 중이며 로컬 건강보험사 대상으로 범위를 확대해도 숫자에서 가장 앞서있다. 향후 수요 증가에 대비해 건강보험사와 원격의료 기업간 복수 파트너십 구축이 예상된다. 높은 점유율에 기반한 경쟁력으로 텔라닥 헬스는 파트너십의 우선순위로 꼽힐 것이다.

 한편, 텔라닥 헬스는 2020년 8월에 당뇨 등 만성질환 관리 기업인 리봉고와 합병했다. 텔라닥 헬스와 리봉고는 고객 기반이 25%만 겹치기 때문에 교차판매 효과로 매출이 증가할 것이란 예상이다.

(2) Amwell(American Well)

[그림 43] 아메리칸웰

아메리칸웰(이하 암웰)은 2,000개 이상의 병원을 포함하는 150개 미국 최대 의료 시스템에 원격 의료 서비스를 제공하는 기업으로, 특히 신종 코로나바이러스 감염증(코로나19) 확산 이후 급격한 속도로 성장하고 있다.

암웰은 2006년 '아메리칸 웰(American well)'이라는 이름으로 설립된 후 2020년 3월 현재의 이름으로 사명을 변경했다. 암웰은 이번 주 기업공개(IPO)를 시작으로 뉴욕증권거래소 상장을 앞두고 있다.

또한 이 회사는 삼성전자와 제휴를 통해 삼성 스마트폰에서 원격진료 서비스를 제공하고 있다. 다른 경쟁사와 비교해 암웰의 특별한 점은 다양한 질병과 관련해 광범위한 질의응답이 잘 구축돼 있다는 점이다. 코로나19 이후 원격진료 수요 급증으로 앰웰의 수익은 지난해 상반기 6900만달러에서 2020년 상반기에는 1억2200만달러로 77% 가량 증가했다.[46)]

CNBC에 따르면, Google의 클라우드 사업부는 원격 의료 기술을 구축하는 회사인 암웰(Amwell, 기존 American Well)에 1억 달러를 투자한다. 암웰은 현재 상장을 위한 서류를 제출한 상태이며, Google의 투자는 사모(private placement) 방식으로 IPO 가격에 동시 진행될 예정이다.

파트너십의 일환으로, 암웰은 현재 AWS(아마존 웹 서비스)에서 운영 중인 사업의 일부 영역을 구글 클라우드로 이전할 예정이다. 특히, 암웰은 구글 클라우드를 "선호하는 글로벌 클라우드 파트너"로 선정하고, 일부 비디오 성능 관련 기능들을 해당 플랫폼으로 이관할 것이라고 보도 자료를 통해 밝혔다. 두 회사는 또한 기술 분야에서 협력하고, 영업을

---

46) [글로벌-Biz 24] 원격의료업체 암웰, 뉴욕증시에 화려하게 데뷔…거래 첫날 28% 상승, 김수아, 글로벌비즈, 2020.09.18

통해 해당 영역에서 암웰의 입지를 확대하기 위해 많은 노력을 기울일 예정이다.

구글 클라우드의 글로벌 의료 솔루션 책임자인 아시마 굽타(Aashima Gupta)는 보다 유리한 보험급여 범위와, 이를 의료 형태의 선택지로 고려하는 소비자들이 있기 때문에 원격 의료에 대한 지속적인 수요가 기대된다고 말했다. 실제로 많은 사람들이 그 어느 때보다 종합병원과 개인병원에서의 대면 진료를 기피하고 있기 때문에, 가상 의료 서비스에 대한 이용이 최근 몇 달간 급증했다.

3조 5천억 달러 규모의 의료 부문에서, 구글 클라우드는 매요 클리닉(Mayo Clinic) 및 어센션(Ascension)과 같은 의료 시스템들을 최대의 고객으로 보유하고 있다. 이러한 고객 중 일부는 자사의 원격 의료 서비스에 암웰을 사용하고 있다. 다른 회사들은 텔라닥(Teladoc), 엠디라이브(MDLive) 및 닥터온디멘드(Doctor On Demand)와 같은 경쟁 업체에 의존하고 있다. 암웰은 현재 약 2,000개의 병원, 55개의 의료보험 및 36,000명의 고용주들에게 서비스를 제공하고 있다.47)

---

47) [외신] 구글, 원격의료 기업 '암웰'에 1억 달러 투자한다, MOBIINSIDE, 2020.08.26

(3) 평안 굿닥터[48]

평안 굿닥터는 중국 보험사인 평안보험의 자회사로 일평균 72만건의 온라인 의료상담 서비스를 제공하는 중국 최대 온라인 원격의료 플랫폼이다. 평안굿닥터는 모기업인 평안 보험의 네트워크를 마케팅에 활용하고, 약 1,400여명의 의사를 직접 고용하는 등의 경쟁 우위를 기반으로 총 3억 1,000만명의 회원을 확보했다.[49]

평안 굿닥터는 인터넷 병원을 개설하고 다른 병원과의 파트너십을 통해 원격의료 서비스 를 제공하고 있다. 인터넷 병원을 칭다오와 허베이에 설립하고, 인터넷 상으로만 진료할 수 있는 의료기관 면허(Practicing License for Medical Institutions)를 취득했다. 평안 굿닥터 소속 의사들은 이 병원 명의로 전자 처방전을 발급 가능하다. 건당 진료비는 1~3.5만원 수준이다.

최근에는 푸저우(Fuzhou) 지방정부와 협력하여 공보험 급여 커버가 가능한 지역 인터넷 병원 플랫폼을 구축했다. 푸저우는 푸젠성의 성도로 인구는 7.74백만명이며 연간 47.37백 만건의 의료 상담이 발생하고 있는 지역이다. 137개의 의료기관이 있으며, 인구 천명당 의사 수 2.59명/간호사수 2.96명으로 의료인력이 부족한 상황이다.

평안 굿닥터는 모기업인 평안보험의 Captive 고객을 활용하는 전략을 사용하고 있다. 평 안 굿닥터는 평안 생명보험 App을 통해 원격의료 서비스를 제공하며, 평안보험 고객 전

---

48) 글로벌의료기기, 미래에셋대우, 2020.03.23
49) VI. 원격의료: 코로나 시대의 새로운 의료 트렌드, 대신증권

용 상품인 Health 360을 출시하였다. 해당 상품은 보험가입자에게 우선 예약권과 진료권
을 제공하는 혜택을 부여한 상품이다.

 또한, 평안 굿닥터는 개인과 기업을 대상으로 한 건강검진 서비스도 진행하고 있는데,
주력 고객은 평안 보험 그룹사 임직원이다. 이처럼 평안 굿닥터는 평안보험 네트워크를
활용하여 현재 미국 전체인구와 맞먹는 3.15억명의 고객을 확보했다.

 이 중 평안보험 그룹사 고객은 50.8%이며, 그룹 Captive 매출은 전체 매출의 39.7%를
차지하고 있다. 평안 굿닥터는 온라인 약국이나 비 평안보험 고객사 확보 등으로 다각화
를 시도하고 있는데, 이는 다시 평안보험 고객으로 연계될 가능성이 높아 상호간의 높은
시너지가 기대된다.

 한편, 평안 굿닥터는 구체적인 해외사업 매출에 대해 공개하지는 않고 있지만, 아시아
지역을 중심으로 해외사업을 진행하고 있다. 인도네시아(인구수 2.6억명)에서는 인도네시
아 복지부와 현지 의사협회와 협의아래 현지 병원/의사/약국/배송업체들과 전략적 파트
너십 관계를 구축했다. 서비스 런칭 첫 한달간 일일 4,000개의 온라인 상담을 달성했다고
한다.

 일본(인구수 1.3억명)에서는 SoftBank Group과 JV를 맺고 일본 원격의료 시장에 진출
했다. 일본 현지 병원/의사/보험사/약국/배송업체 등과 전략적 제휴를 맺고 다양한 서비
스를 제공하고 있다. 사우디 아라비아(인구수 32백만명)에서는 국영기업인 Lean과 협력하
여 해외사업을 진행하고 있다. 평안굿닥터의 AI 기술을 바탕으로한 라이센싱 모델을 활용
하고 있다.

(ㄴ) Nurx

Nurx는 피임 및 성병예방 관련 원격의료를 제공하는 기업으로, 피임약 구독 서비스나 HIV 예방키트 등을 판매하고 있다. Nurx는 최근 집에서 사용 가능한 HPV 바이러스 진단 키트를 출시했는데 ,이용자들은 해당 키트를 활용하여 원격의료 서비스를 제공받을 수 있다.

이용자는 먼저 Nurx 애플리케이션을 통해 건강에 대한 몇 가지 질문에 답해야 하며, 의사는 해당 답안을 바탕으로 진단 필요 여부를 판단하여 진단 키트를 배송한다. 이후 이용자가 자신의 신체 샘플을 다시 실험실로 보내고, 검사 여부에 따라 의사와 원격으로 상담하던가, 병원에 직접 방문하여 진료를 받을 수 있다.

Nurx는 2019년 8월, 5,200만 달러의 투자를 유치했다고 발표했다. Nurx는 해당 자금을 활용하여 엔지니어를 더 고용할 계획이며, 기존 의료 서비스들과 연관된 추가 서비스를 출시하는 데 활용할 계획이다. 2019년 8월 현재 Nurx 서비스는 미국 26개주에서 이용 가능한데, 2019년 말까지 미국 인구 90%가 Nurx 서비스를 활용할 수 있도록 사업을 확대해나갈 방침이다.[50]

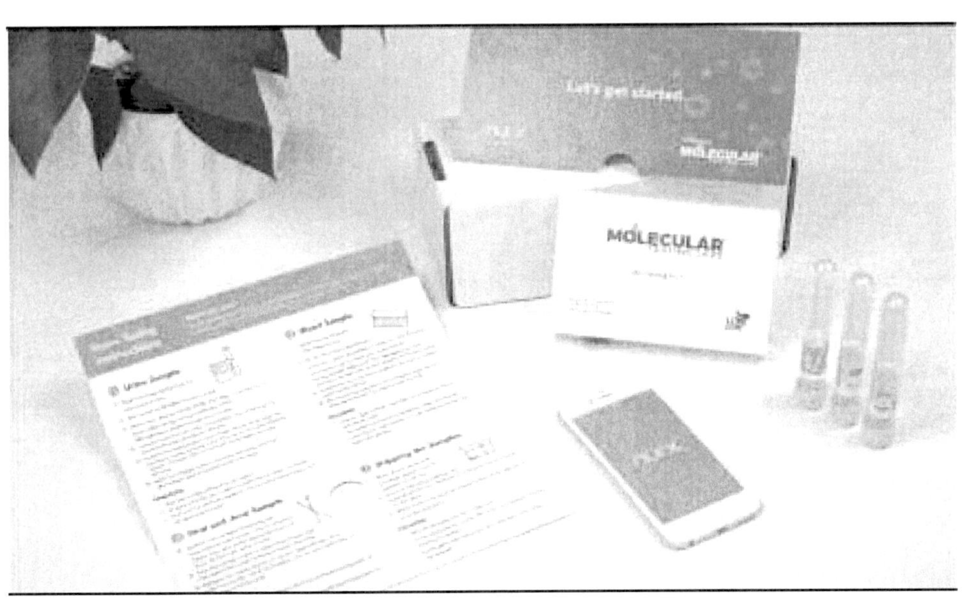

[그림 45] Nurx에서 제공 중인 HIV 예방 키트

---

50) 품목별 보고서 - 헬스케어, 정보통신산업진흥원, 2019

(5) 닥터히어(구 메디히어)

메디히어는 미국 한인 의료진과 환자를 대상으로 출시한 '메디히어 - 원격의료 플랫폼'
을 코로나19 확산 기간동안 국내 환자 및 의사를 위해 무료 출시하고, 의료기관에도 무료
로 지원한다. 환자들은 앱을 통해 응급의학과, 내과, 소아청소년과, 안과, 산부인과, 성형
외과, 피부진료, 호흡기질환, 정신건강, 심리치료 등에 대해 의사와 원격 화상진료, 전화
진료, 채팅상담을 받을 수 있다.[51]

한편, 메디히어가 총 30억 원 규모의 투자유치에 성공했다고 밝혔다. 이번 투자는 한국
투자파트너스가 리드하고 인터베스트와 더웰스인베스트먼트가 참여했다. 메디히어 김대표
는 "이번 투자유치를 통해 미국 한인을 위한 원격진료 멤버십 서비스를 확대할 계획"이라
며 "IT기술로 의료접근성을 높여 전 세계 모든 한인들이 더욱 쉽고 편리하게 진료를 받아
건강한 한인 사회를 만드는 것이 목표"라며 포부를 밝혔다.[52]

메디히어가 한양대학교 구리병원은 원격진료 서비스 제공을 위한 인공지능(AI) 기술개발
업무협약을 체결했다. 이번에 개발 및 고도화되는 기술은 AI 심층문진 챗봇 기술이다. 원
격진료 전에 AI 예진, 문진, 심층문진 챗봇 기술을 활용해 환자의 증상과 상태를 효율적
으로 수집할 계획이다.

---

51) 메디히어, 원격 화상진료앱 출시…의료기관에 무료 지원, 박기택, 청년의사, 2020.03.10
52) 메디히어, 30억 규모 시리즈A 투자 유치. 2020.11.17. 메디컬투데이

또 의사 원격진료 지원 AI기술도 개발에 나선다. 원격진료 진행 시 의사 채팅 자동완성
및 답변추천 기능, 진료 및 진단 추천기능과 원격 화상진료 기술을 활용해 음성을 텍스트
로 변환, 의사의 진료차트 작성을 도울 계획이다.[53]

메디히어가 자사명을 새롭게 리뉴얼 한다고 밝혔다. 자사 서비스명을 기존 메디히어에서
'닥터히어'(DoctorHere)로 변경한다. 이번 리브랜딩은 원격진료에 익숙하지 않은 고객들
에게 더 직관적인 명칭과 익숙한 사용자 경험(UX)을 주기 위해 단행했다.

메디히어 대표는 "이번 리브랜딩은 고객들이 아프거나 궁금할 때 언제 어디서나 닥터히
어가 생각나도록 하기 위한 목적에서 단행했다"며 "앞으로 서비스를 고도화해서 타지에서
아파도 속 시원히 문제를 해결 받지 못 했던 한인들의 건강을 책임지겠다"고 말했다.[54]

---

53) 메디히어-한양대병원 원격진료 위한 인공지능 개발 MOU. 2020.8.13. 파이낸셜뉴스
54) 메디히어, 원격진료 멤버십 서비스 '닥터히어'로 리브랜딩. 2021.06.16. 라포르시안

(ㄴ) 라인닥터

국내 포털회사 네이버가 일본에 LINE의 자회사로 개설한 라인헬스케이가 일본의 대표적인 원격진료서비스로 각광을 받고 있다. 라인헬스케어는 네이버의 일본 의료 전문 자회사로, 일본 경제산업성의 지침에 따라 3월 한 달 동안 일본인 전체를 대상으로 무료로 서비스를 제공했으며, 4월 이후, 라인헬스케어가 이용자의 요금을 부담해 무상서비스로 제공 중이다. 해당 서비스는 후생노동성의 지침 상 진찰이나 약 처방 등의 의료행위가 불가능한 원격의료인 '원격건강의료상담'에 해당된다.

2019년 12월부터 시작된 이 서비스는 일본국민 8,400만 명이 가입해 사용하고 있는 LINE애플리케이션 내에서 완결되는 서비스를 제공한다. 일본 언론에 따르면, 2020년 5월 상담이 약 50만 건으로 예상된다고 한다. 이 서비스에 등록된 의사는 4월 말 기준 전월 대비 5배인 2,000명이다. 요금은 의사와 채팅으로 하는 경우 30분에 2,000엔(약 2만원), 상담 내용을 메시지로 보내 24시간 이내에 답을 받는 경우는 1,000엔(약 만원)이다.[55]

한편, 라인은 온라인 진료 서비스 라인 닥터(라인 헬스케어)가 일본 '2021 굿디자인 어워드'를 수상했다고 밝혔다. 라인닥터는 라인과 M3 주식회사가 공동 출자로 설립한 라인헬스케어의 온라인 진료 서비스로, 라인 앱을 통해 진료 예약, 무료 영상 통화를 통한 진찰, 결제까지 가능하다. 해당 서비스는 현재 일본에서 제공 중이다. 라인 닥터는 2021 굿디자인어워드의 ▲사회 인프라 시스템 ▲인프라스트럭처부문에서 수상했다.

---

55) 네이버 라인헬스케어, 원격진료로 일본서 각광, 박차영, 아틀라스뉴스, 2020.05.16

주최 측은 "온라인 진료가 사회에 널리 보급되려면 우선 오진·증상을 놓칠 우려를 낮추고, 의사와 환자의 시스템 이용 진입 장벽을 낮추는 두 가지 과제를 해결해야 한다"며 "라인 닥터는 온라인 진료 결과와 필요에 따라 대면 진료로 전환할 수 있고, 라인 앱을 통해 예약부터 진찰, 처방전 발행까지 연결했다는 점에서 두 가지 과제를 해결한 뛰어난 서비스 디자인"이라고 평가했다. 이어 회사는 "의료기관들이 온라인 진료 도입 시 덜 부담이 되도록 서비스 설계 단순화에 주력했다"고 덧붙였다.[56]

---

56) 라인 닥터, 2021 굿디자인어워드 수상. 2021.10.21. ZDnet Korea

(7) 닥터나우

2019년 설립된 닥터나우는 국내 최초 비대면 진료·처방약 배송 서비스를 운영하고 있다. '약국 개설자·의약품 판매업자는 그 약국 또는 점포 이외의 장소에서 의약품을 판매해서는 안 된다'는 약사법이 문제가 돼 서비스를 접었다가, 작년 코로나19로 비대면 진료가 한시적으로 허용되자 사업을 재개했다. 의원 진료는 물론 조제약 배달까지 나서면서 150여곳의 병·의원, 약국 등과 손잡고 원격진료·처방약 배달 등 의료 서비스를 제공 중이다. 누적 다운로드는 27만건, 월이용자수(MAU)는 10만명에 이른다.

최근 닥터나우는 100억 원 규모의 시리즈A 투자를 유치했다고 밝혔다. 시리즈A 투자는 본격적인 사업 확장 단계에서 받는다. 소프트뱅크벤처스와 새한창업투자, 해시드, 크릿벤처스 등이 이번 투자에 참여했다. 이로써 이 업체는 2021년 상반기에 네이버와 미래에셋 등으로부터 받은 투자를 포함해 총 120억 원의 누적 투자를 받았다고 밝혔다.

또한 닥터나우는 이번 투자를 바탕으로 개발 인력을 늘려 시스템을 고도화할 계획이다. 이를 위해 이 업체는 경력 개발자들에게 전 직장 연봉 대비 최대 1.5배 인상, 최대 1억 원의 주식매수 선택권(스톡옵션)을 주기로 했다. 닥터나우 대표는 "이번 투자를 통해 이용자 유치 및 디지털 의료 서비스를 공격적으로 확대할 것"이라며 "파격 조건을 내걸고 유능한 개발 인력을 채용하기 위해 노력하겠다"고 밝혔다.[57]

그러나 닥터나우와 약사업계의 마찰은 지속되고 있다. 대한약사회는 닥터나우로 인해 현행법상 불법인 약 배달 서비스가 정식 허용될 것을 우려하고 있다. 약을 약국 이외의 기

---

57) 원격의료 스타트업 닥터나우, 100억 투자 유치. 2021.10.13. 한국일보

관에서 판매하면 의약품 오남용·변질 등의 위험이 있다는 게 주장의 골자다. 업계에서는 약사들이 매출 하락을 우려해 닥터나우에 반발하는 것으로 분석하고 있다.

다만 한시적으로 허용된 비대면 진료가 '위드(With) 코로나'에서도 지속될 수 있을지 여부는 불투명하다. 보건복지부 장관은 국회 국정감사에서 "(비대면 진료는) 환자와 의료인 간 감염을 막기 위한 한시적 조치였다"면서 비대면 진료가 중단될지 묻는 질문에 대해 확답을 피하기도 했다.

이에 대해 닥터나우는 투자자들이 존속 여부에 대한 우려보다 비대면 의료 서비스에 대한 가능성을 보고 투자를 결정했다고 설명했다. 또 국감에서 비대면 의료 서비스에 대한 우려도 제기됐지만 필요성에도 공감했다는 것이다. "만성질환자, 노령층 등 의료취약계층이 닥터나우를 통해 편리하게 의료 서비스를 받고 있는 만큼 갑작스럽게 정부가 서비스를 중단하지 않으리라 생각한다"고 닥터나우 관계자는 밝혔다.[58]

---

58) '약 배달' 닥터나우, 약사회 반발에도 100억 투자 유치. 2021.10.13. Bloter

3. 에듀테크

1) 세계 동향

[그림 50] 에듀테크 시장 규모 (단위 : 십억 달러)

세계 교육시장은 지속적으로 성장하여 2020년 6.5조 달러에서 2030년 10조 달러에 달할 것으로 전망된다. 이처럼 교육시장이 크게 성장하는 가운데, 에듀테크가 교육시장에서 차지하는 비중도 2018년 2.5%에서 2025년 4.3%로 성장할 전망이다.[59]

년도	2012	2013	2014	2015	2016	2017	2018	2019
추이	0.9	1.3	1.8	4.2	3.2	4.4	8.2	7.0

[표 9] 에듀테크 벤처캐피탈 투자추이 (단위 : 십억 달러)

세계 에듀테크 시장규모는 2018년 1,530억 달러 대비 2배 이상 확대되어 2025년 3,420억 달러로 예상된다. 2019년 에듀테크 벤처캐피탈 투자액은 70억 달러로 10년 만에 14배 급증했고, 2025년에는 10억 달러 이상의 시장가치를 가진 에듀테크 상장기업수가 100개를 넘어설 것으로 예상된다.

---

59) 에듀테크(Edutech) 시장 현황 및 시사점, 한국무역협회, 2020.05

(1) 미국

순위	회사명	투자유치액 (백만 달러)	사업내용
1	Guild Education	157	직원 대상 고등교육·직업교육 제공
2	BetterUp	103	직업 능력 코칭 및 개발
3	Coursera	103	온라인 교육 및 학점 플랫폼
4	Andela	100	소프트웨어 개발자 트레이닝
5	Examity	90	온라인 시험 서비스
6	Grammarly	90	온라인 작문 및 문법 지원 서비스
7	Degreed	75	전문지식 학습 플랫폼
8	Minerva Project	57	온라인 대학
9	Newsela	50	유치원·초중고생 대상 읽기·학습 자료 제공
10	MindTickle	40	세일즈 트레이닝 플랫폼

[표 10] 미국 에듀테크 부문 상위 10개 투자유치 기업(2019)

미국의 에듀테크 투자는 2015년 이후 매년 10억 달러를 상회하는 가운데 2019년 투자액은 전년 대비 16% 상승한 16.6억 달러, 투자 유치 건수는 전년 대비 5건 감소한 105건을 기록했다.

에듀테크 상위 10개 기업 중 8개가 직업교육 및 경력개발 서비스를 제공하는 기업으로 전체 투자액의 35%를 차지했고, 상위 4개 기업은 1억 달러 이상의 메가딜(Mega deal)을 유치했다.

(2) 중국

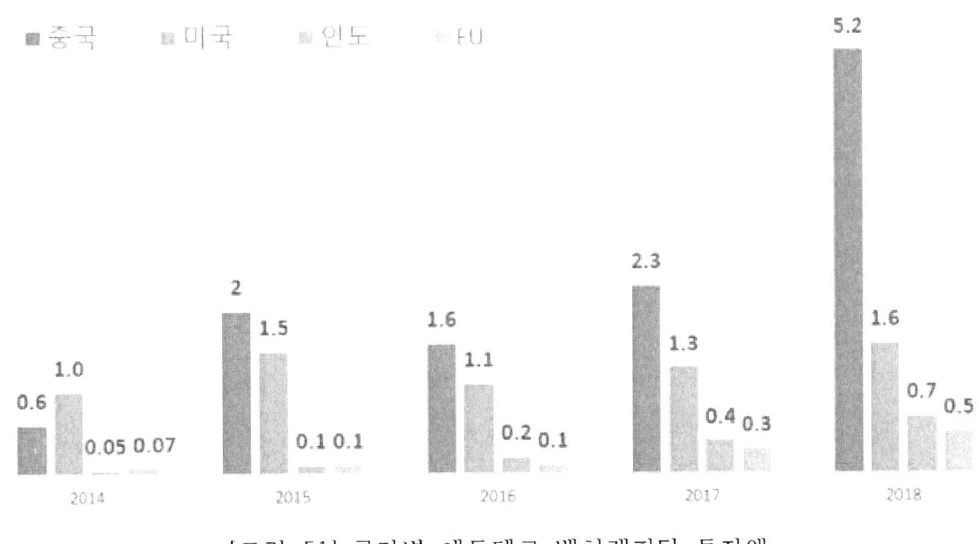

[그림 51] 국가별 에듀테크 벤처캐피탈 투자액

중국의 에듀테크 투자액은 2015년 미국을 역전, 2018년 투자액이 52억 달러에 달해 전
세계 투자액의 63.4%를 차지하며 미국의 투자규모를 크게 앞섰다.

중국 정부는 2018년 교육정보화 2.0 행동계획을 발표하고, ICT 기술과 교육의 결합을
위해 적극적으로 노력하고 있다. 중국 정부는 빅데이터 기술을 활용한 학습자원 제공, 인
터넷 학습 보편화, 빈곤지역 온라인 수업 등 수업 운영 외에 학사관리 부문에서도 클라우
드, 빅데이터, AI(인공지능) 등 신기술을 활용할 예정이다. 또한, '지혜 교육 시범구역'을
10개 이상 설립하여 온라인 스마트 교실, 스마트 실험실, 가상공장(병원) 등의 스마트 학
습공간을 설립하고 모든 고등교육과정에 블록체인, 빅데이터 등을 활용한 학습방식 적용
을 모색하고 있다.

한편, 세계 에듀테크 유니콘 기업 14개 중 중국기업이 8개로 가장 많고, 미국은 5개, 인
도가 1개 기업을 보유하고 있다. VIPKid, Yuanfudao, Knowbox 등 중국 유니콘 기업은
외국어 교육과 튜터링 관련 분야에 집중되어있다.

기업명	국가	분야	기업가치 평가액
ByJu's	인도	튜터링	58억 달러
VIPKid	중국	외국어 교육	45억 달러
Yuanfudao	중국	튜터링	30억 달러
Duolingo	미국	외국어 교육	15억 달러
Guild Education	미국	업스킬링(숙련도 향상)	10억 달러 이상
Knowbox	중국	튜터링	10억 달러 이상
Coursera	미국	대규모 온라인 공개수업 (MOOC)	10억 달러 이상
iTutorGroup	중국	외국어 교육	10억 달러
Zhangmen	중국	튜터링	10억 달러 이상
Huike	중국	온라인 프로그램 관리 (OPM)	10억 달러
17zuoye	중국	튜터링	10억 달러
Age of Learning	미국	온라인 교육과정	10억 달러
Udacity	미국	소프트웨어 개발 교육	10억 달러
HuJiang	중국	온라인 교육과정	10억 달러

[표 11] 에듀테크 분야 유니콘 기업

(3) 영국

영국은 2015년 10월 에듀테크 UK를 설립하고 적극적인 에듀테크 육성전략을 펼치고 있다. 2019년 4월 영국 교육부는 교사들의 업무 부담을 줄이고 학생들에 대한 교육의 효율성과 접근성 제고를 목표로 하는 새로운 에듀테크 전략을 발표했다.

영국 교육부는 광케이블 전국망 및 클라우드 기반 IT 시스템 구축, 인터넷 속도 향상, 노후 네트워크 장비 개선 등을 통해 학교의 ICT 활용을 지원하며 학교에서 필요한 에듀테크 제품과 서비스를 구매 전에 무료 체험할 수 있는 온라인 플랫폼 'LendED'에 대한 지원을 확대할 계획이다. LendED는 2019년 서비스를 시작, 200여개 이상의 서비스 시범 사용이 가능하다.

영국은 에듀테크 발전에 유리한 환경을 바탕으로 영국 전역에 1,000개 이상의 에듀테크 기업을 보유하고 있다. 영국은 학교의 인터넷 보급률이 높아 교사들이 에듀테크에 접근하기 쉽고, Pearson, 옥스퍼드 대학출판사 등 영향력 있는 교육 기업들과 협업이 가능하며 미국 등 다른 영어권 국가로의 진출이 용이하다는 특징을 가지고 있다.

영국은 EU 국가 중에서 에듀테크 투자가 가장 활발하고, 2019년 벤처캐피탈 투자액이 4.68억 달러로 급증해 EU 전체의 73%를 차지했다. 2018년부터 프랑스의 투자액이 1.47억 달러로 크게 확대됐으나 2019년 영국의 투자가 전년 대비 3배 이상 증가하여 압도적 규모를 차지했다.

	영국	프랑스	독일	북유럽	아일랜드	스페인	기타지역	EU전체
2014	30.0	5.0	1.6	3.2	2.2	1.7	26.3	70.0
2015	50.0	7.5	31.8	3.4	3.3	1.0	23.0	120.0
2016	29.0	19.0	4.4	8.0	0.1	13.5	45.0	119.0
2017	96.0	12.0	37.0	57.0	9.0	10.0	56.0	277.0
2018	142.0	147.0	42.0	46.0	1.2	11.4	59.0	448.6
2019	468.0	108.0	17.1	16.6	1.0	15.6	15.0	641.3

[표 12] EU 에듀테크 투자추이 (단위: 백만 달러)

2) 국내 동향

 글로벌 에듀테크 시장이 오는 2025년 4000억달러(약 445조원) 이상 규모로 커질 것이라는 전망이 나왔다. 코로나19로 비대면 학습 수요가 급증하면서 연 평균 16.3% 성장이 예상된다. 인공지능(AI), 가상현실(VR), 증강현실(AR) 등 각종 디지털 신기술과 결합하면서 글로벌 에듀테크 시장은 연평균 고성장이 기대된다.

 한편, 국내 에듀테크 시장 규모도 가파른 성장이 전망되지만, 국내는 정확한 성장 전망치조차 찾기 어렵다. 현재 학교에서 널리 사용하는 '줌' 등의 사용이나 지출 현황도 파악하지 못한다는 지적이다.

 정보통신산업진흥원에서 내놓은 '이러닝산업 실태조사'에 따르면 국내 이러닝 시장 규모는 2019년 3조9516억원으로 추산됐다. 이러닝산업 실태조사는 산업통상자원부에서 이러닝 산업 육성 및 정책 수립을 위해 산업 현황을 파악하는 국가통계자료다. 이러닝 기업규모나 고용 등 전반을 조사하지만, 국내 에듀테크 시장 현황이나 지출 규모는 파악되지 않는다. 조사 참여 기업 대다수가 중소 이러닝 기업이기 때문에 대기업·외국계 기업이 주도하는 에듀테크 시장 변화를 반영하기 어렵다.

 한국에듀테크산업협회 관계자는 "해외 에듀테크 산업 및 세부 분류별 개념이 국내 현황과 맞지 않고, 아직 국내에는 없는 개념까지 포함하고 있다"면서 "이러닝산업 실태조사를 에듀테크산업 실태조사 등으로 전환하거나 에듀테크 산업 관련 별도 조사가 필요하다"고 말했다.

 전문가들은 인터넷 중심의 학습법을 가리키는 이러닝이 시장 성숙기·포화기라면 첨단기술을 포괄하는 에듀테크는 도입기·성장기에 해당한다고 진단했다. 이러닝학회에서도 에듀테크로 확장된 개념의 학술 연구를 진행 중이다. 에듀테크 생태계를 체계적으로 육성, 지원하기 위한 법·제도 개선이 필요하다고 지적했다.[60]

---

60) 에듀테크 시장 2025년에는 4000억달러 달해...국내는 데이터조차 없어. 2021.4.27. etnews

한편, 국내 교육서비스 기업들은 경쟁력 있는 에듀테크 스타트업과 협력해 자사 서비스에 에듀테크를 도입하고 있다. 대교, 웅진씽크빅, 교원은 기존 에듀테크 스타트업을 인수하여 AI(인공지능) 기술, 로봇기술을 활용한 서비스를 출시하고, 천재교육은 유망 에듀테크 스타트업을 직접 발굴·지원하며 새로운 기회를 모색하고 있다.

기업명	협업 내용	성과
대교	AI 수학교육 플랫폼 '노리' 인수	AI 학습서비스 '써밋 스피드 수학', '써밋 스코어 수학' 개발
웅진씽크빅	실리콘밸리 머신러닝 스타트업 '키드앱티브' 지분 인수(10%)	빅데이터와 AI 기술을 활용해 학습자의 학습행동 패턴을 분석해주는 서비스 '북클럽 AI 학습코칭', 'AI수학', 'AI독서케어' 개발
교원	코딩교육 로봇제작 스타트업 '럭스로보'와 제휴	'럭스로보'와의 협력으로 코딩로봇 모듈을 활용한 컴퓨터·코딩 교육 서비스 '레드펜 코딩' 개발
천재교육	에듀테크센터(창업보육센터)설립하여 유망 스타트업 발굴 및 지원	입주기업 '클래스큐브'와의 협업을 통해 AI 기반 수학 플랫폼 '닥터매쓰(Dr.Math)' 론칭

[표 13] 주요 교육서비스 기업의 에듀테크 협력사례

에듀테크 스타트업은 기술력을 바탕으로 맞춤형 학습 서비스, 게임기반 학습, 외국어 교육, 코딩 교육 등 다양한 분야에서 성장하고 있다. 특히 학습자의 성취도, 학습이력 등 빅데이터를 분석해 능력을 진단하고 맞춤형 학습을 제공하는 AI(인공지능) 활용이 가장 두드러지게 나타나고 있다.

분야	기업명	주요내용
맞춤형 학습 서비스	뤼이드 (Riiid)	AI를 활용한 딥러닝 기술로 학습자가 틀릴 문제를 예측하고, 점수가 가장 빨리 오를 문제를 추천해 최단시간 내에 점수를 향상할 수 있는 '산타토익' 서비스 제공
	노리 (KnowRe)	딥러닝 수학교육 기술 플랫폼을 활용하여 학습 능력을 진단하고 개인별 맞춤형 교육과정 및 콘텐츠 제공
	매스프레소 (Mathpresso)	질문·답변과 풀이 검색이 가능한 플랫폼 '콴다(QUANDA)' 운영. AI 기반의 광학문자판독(OCR) 기술을 개발해 모르는 수학 문제를 사진 촬영해 올리면 5초 안에 해설을 제공하는 '5초 풀이 검색' 서비스 제공
게임기반 학습	에누마 (Enuma)	중요 개념을 다양한 형태로 반복학습 할 수 있는 게임형식의 수학학습 프로그램 '토도수학(TODO Math)' 서비스 제공. 유아~초등학교 2학년 까지의 커리큘럼 제공
	캐치잇플레이 (Catchitplay)	게임으로 영어를 배울 수 있는 '캐치잇잉글리시' 애플리케이션운영. 머신러닝 기반의 AI 추천 시스템을 탑재해 사용자에게 맞춤형 학습법 제공. 단어와 문장의 동시 학습이 가능하고, 듣기와 말하기 연습도 함께 할 수 있음
외국어 교육	튜터링 (Tutoring)	학생과 튜터를 실시간으로 1:1 매칭해주는 영어/중국어 회화 학습용 모바일 플랫폼 개발 및 운영
	텔라 (Tella)	원어민 튜터와 채팅을 통해 실시간 첨삭을 받는 영어교육 플랫폼 '텔라톡' 운영
	에그번에듀케이션 (Eggbun education)	AI(인공지능) 챗봇으로 학습하는 외국어 AI튜터 서비스. 외국인을 대상으로 한 한국어/중국어/일본어 학습, 한국인 대상 영어교육 서비스 등 제공
코딩교육	엘리스 (Elice)	자체 개발한 코딩 플랫폼 '엘리스' 운영. 라이브 스트리밍 기반으로 비전공자 및 입문자에게 접근이 쉬움. 별도 코딩 프로그램 설치 없이 웹브라우저 상으로 실습 가능
	코드스테이츠 (Code States)	비용없이 배우고 취업 성공 후 연봉의 일부를 공유하는 코딩 교육 플랫폼 운영
	로지브라더스 (Logi Brothers)	초중등 대상 블록코딩기반 코딩 교육 서비스 코드모스(CODMOS) 운영. 학습자 스스로 게임처럼 플레이하면서 문제를 해결해나가는 방식으로 코딩 기본 원리부터 심화 컴퓨팅 사고력 학습까지 가능하게 함

[표 14] 국내 주요 에듀테크 스타트업

한편, 초·중·고 학교 교육현장에 에듀테크를 전면적으로 도입하기 위해 현재 교육부가 'K-에듀 통합플랫폼'을 추진하고 있다. 2024년부터는 교사·학생이 민·관 교육 자료부터 수업을 지원하는 각종 에듀테크, 인공지능 맞춤형 학습 지원 서비스까지 한 번에 이용할 수 있게 하는 목적이다. 또한 교육행정정보시스템(나이스), 회계관리시스템(에듀파인)까지 모두 연계돼 있어 교사는 로그인 한 번으로 수업과 학사관리, 향후 교육자료 과금까지 모두 처리할 수 있다.

K-에듀 통합플랫폼은 교실에서 일어나는 모든 교육 활동을 디지털 기반으로 전환하기 위해 교육 자원을 집중시킨 플랫폼이다. K-에듀 통합플랫폼 구축 사업은 이해관계자들이 사용자(학교, 학생)-공급자(에듀테크 산업) 생태계 실현을 전제로 한 미래교육 대응이라는 비전, 목적, 목표에 대한 공감대가 강하다.[61]

그러나 교육계에선 교육부의 역점사업 중 하나인 'K-에듀 통합플랫폼'의 예산이 3800억원에서 6000억원으로 54% 급증한 것에 대해 증액 규모를 대폭 늘린 근거가 부실하다는 지적이 나오고 있다.

교육부로부터 제출받은 'K-에듀 통합플랫폼 구축 사업계획'에 따르면 해당 사업의 총비용은 6009억원(국비 957억, 지방비 5052억)으로 나타났다. 당초 총사업비는 3892억원(국비 1184억, 지방비 2708억)이었으나 2117억원(54%) 급증한 것이다. 이러한 이유로 현재 예비타당성조사가 진행 중이다.

'K-에듀 통합플랫폼'은 △고교학점제 △그린스마트미래학교와 함께 교육부가 추진하는 미래 교육의 한 축을 담당하는 '디지털 인프라' 사업이다. 공공의 e학습터, EBS 온라인클래스뿐만 아니라 민간의 LMS(학습관리시스템)까지 통합해서 초·중·고 학교 현장에 원격수업, 학습 지원 서비스를 제공하는 일종의 에듀테크(교육+기술) 포털이다. 2024년 개통을 목표로 하고 있다.

변경 예산안의 세부내역을 보면 소프트웨어(SW)개발·구입비 등 구축비용이 2129억원, 감리비 등 부대경비가 75억원, 클라우드 서비스 사용료 등 운영·유지관리비가 3803억원이다. 이는 현재 구축에 들어간 4세대 교육행정정보시스템(NEIS·나이스)의 예산 규모 2800억원보다 두 배 이상이다.

---

61) 에듀테크 전환기와 K-에듀 통합플랫폼 시사점. 2021.10.14. 포춘코리아

대형 사업인데도 불구하고 세부 계획 없이 예산이 '주먹구구'로 산정됐다는 비판이 일고 있다. 가령 변경된 예산안에서 '클라우드 서비스 책정료' 명목으로 1500억원이 책정돼 있는데 이는 원래 계획상 없던 예산이다.

해당 사업의 예비타당성조사를 진행하는 조세재정연구원 등에서는 자료가 부족해 교육부에 계속 자료요구를 하고 있는 상황이라고 밝혔다. 부실 지적이 계속되자 교육부는 ISP의 후속 사업인 정보시스템종합계획(ISMP)도 "관련 전문가 등 현장 의견 반영 및 보완 필요하다"는 이유로 발주를 취소했다고 덧붙였다.[62]

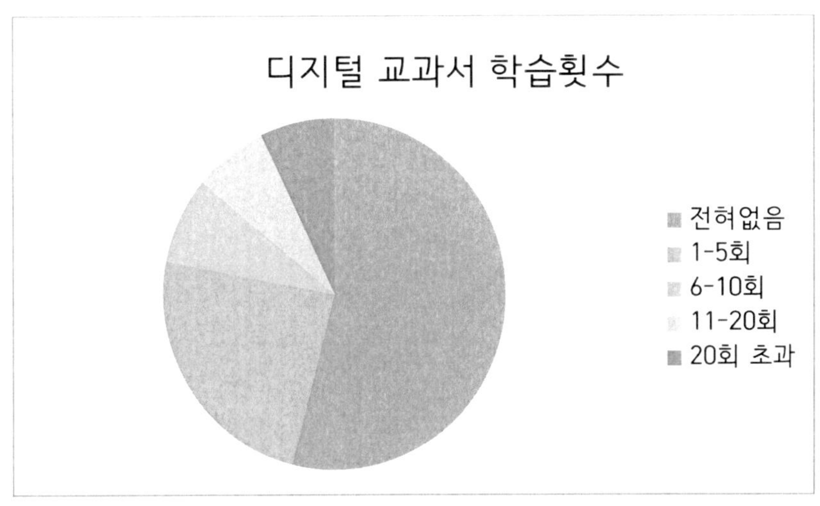

그림 52 최근 1개월 디지털 교과서 학습횟수(단위: %)

한편, 에듀테크 기반 학습을 직접 경험하는 학생의 경우 최근 1개월 동안 디지털 교과서를 활용해 학습한 횟수를 물어보는 질문에 절반이 넘는 54%가 전혀 없다고 대답했다. 더불어민주당 의원실은 2021년 10월 5일부터 11일까지 전국 교원, 학생 학부모 등 2만 3559명을 대상으로 실시한 설문조사에서 참가 학생 5744명 가운데 약 54%가 '전혀 없음'이라고 답했다고 밝혔다.

실제로 최근 1개월 동안 디지털 교과서를 활용해 수업한 경험이 없다고 응답한 교원 역시 전체의 39%로 나타났다. 그 원인으로는 '대체할 콘텐츠 존재(26%)' '교과서랑 별반 차이가 없기 때문(23%)', '부족한 디지털 학습환경(17%)' 등을 꼽았다.

---

62) [단독] "6000억 예산 주먹구구" 교육부 원격수업 플랫폼 논란. 2021.10.20. 한경닷컴

　정부가 웹 버전으로 디지털 교과서를 개선하는 등 노력을 기울이고 있지만, 스마트기기 보급 상황이나 관련 인프라도 아직 미흡하다. 초등학교 한 곳당 컴퓨터학습실은 1~2곳뿐이고, 14세 미만은 웹으로 디지털 교과서를 이용할 경우 가입 시 보호자 동의가 필요하다. 조기성 스마트교육학회장(계성초 교사)은 "디지털 교과서 초기에 부정적 기억으로 더는 이용 안 하거나 디지털 인프라가 부재해 이용이 어려운 사례도 많다"라고 현장 목소리를 전했다.

　시도교육청의 교육정보화 서비스 이용률은 더욱 심각하다. 1개월 동안 교육청 교육정보화 서비스에 접속한 횟수를 물어보는 질문에 전체 응답자의 약 64%가 '전혀 없음'이라고 대답했다. 교육청 교육정보화 서비스는 서울과 인천이 5곳, 대구 3곳이 있으며 사이트마다 제공되는 콘텐츠가 다르다. 학교급에 따라 정보가 편중돼 있고, 학생, 교원 이용이 저조해 실효성 문제가 제기됐다.

　학부모는 스마트기기 활용 학습 만족도 조사에서 대체로 유보적(보통이다)이거나 부정적 답변이 높게 나타났다. 학부모들은 스마트기기가 학습에 방해가 된다고 보며, 학생 나이가 어릴수록 디지털 기기 중독 우려가 있어 스마트기기 활용 교육에 부정적 입장을 취했다.

　정부는 2023년부터 'K-에듀 통합플랫폼'을 서비스한다. 약 3000억원 예산이 소요되는 사업으로 교사, 학생이 민·관 교육자료부터 수업을 지원하는 각종 에듀테크 서비스를 한번에 이용할 수 있는 서비스다. 강의원은 "에듀테크 기반 서비스는 미래교육을 위한 중요한 화두"라며 "공급자에서 수요자 중심 서비스로 바꿔나가고 통합 플랫폼 서비스가 미래교육 중심축이 될 수 있도록 철저하게 준비해야 한다"라고 강조했다.[63]

---

63) 디지털 교과서 활용 저조...통합 교육 플랫폼 점검 필요. 2021.10.20. etnews

3) 에듀테크 기업

(1) Zoom Video Communication

[그림 53] Zoom Video Communication

캘리포니아에 위치한 Zoom Video Communication(이하 Zoom)은 코로나로 인해 가장 크게 두드러진 기업이라고 할 수 있는 기업 중 하나다. Zoom은 비디오 통신 플랫폼 서비스를 제공하고 있으며 비디오, 음성, 채팅, 컨텐츠 공유 등으로 유저들을 연결시키고, 서로 다른 디바이스, 서로 다른 장소에서 직접 대면하는 듯한 비디오 회의를 가능하게 해준다. Zoom은 전 세계에 13곳의 데이터센터를 설치했고, 이를 통해 Zoom 클라우드 플랫폼은 이용하기 쉽고, 관리가 쉬우며, 안정적인 고품질 비디오를 제공한다. Zoom은 비디오 통신 플랫폼의 구독 서비스 판매로 매출을 창출한다. 구독 매출은 유료 호스트, 줌 미팅 서비스(줌 룸, 줌 비디오, 줌 세미나 등) 구매로 발생하며, 고객들은 줌 미팅을 사용하거나, 한 명 이상의 구성원을 초대하여 미팅을 할 수 있는 비디오 통신 플랫폼을 사용할 수 있다.

① Zoom Meeting
줌 미팅은 다른 제품과 기능을 한데 묶는 Zoom 플랫폼의 기초로, 모바일 디바이스, PC, 노트북, 전화등을 통해 HD 비디오, 음성, 채팅, 콘텐츠 공유 기능을 제공한다. 현재 Atlassian, Dropbox, LinkedIn, Microsoft, Salesforce 와 같은 기업들과 파트너십을 맺음으로써 통합이 가능하고 Zoom Chat을 사용하면 PC, 노트북, 모바일 디바이스를 통해 텍스트, 이미지, 오디오파일등의 콘텐츠를 즉시 전송할 수 있다.

② Zoom Room
줌 룸은 소프트웨어 기반의 회의실 시스템으로, 실제 회의 공간에서 어려움이나 마찰 없이 줌 미팅을 사용할 수 있다. 줌 룸은 화상회의, 음성회의, 무선 컨텐츠 공유, 일정 통합 등을 구현하여 대규모 회의를 보다 경제적으로 수행할 수 있도록 돕는다.

③ Zoom Conference Room Connector

줌 컨퍼런스 룸 커넥터는 H.323 및 SIP 디바이스에서 줌 미팅을 사용할 수 있도록 해주는 서비스로, Polycom 및 Cisco의 회의 시스템을 사용하는 조직의 경우 컨퍼런스 룸 커넥터를 사용하여 줌 미팅을 사용할 수 있다.

④ Zoom Phone

줌 폰은 줌 플랫폼을 항상 애드온으로 사용할 수 있도록 해주는 클라우드 전화 시스템이다.

⑤ Zoom Video Webinars

줌 비디오 웨비나는 워크샵, 마케팅 PT와 같은 대규모 온라인 이벤트를 실시할 수 있도록 해주는 시스템으로, 페이스북 라이브, 유튜브와 쉽게 통합된다.

⑥ Zoom for Developers, Zoom App Marketplace

본 기능들은 개발자를 위한 기능으로, 개발자는 이를 통해 비디오, 음성, 채팅, 컨텐츠 공유를 다른 어플리케이션과 통합할 수 있다.

(2) Coursera

[그림 54] Coursera

Coursera(이하 '코세라')는 스탠포드 대학교의 컴퓨터 공학 교수 앤드류 응(Andrew Ng)과 대프니 콜러(Daphne Koller)가 비싼 등록금을 내지 못하거나, 교육의 기회를 가질 수 없는 사람들을 위하여 설립한 강의사이트다. 코세라는 2012년 2월, 시험 운영을 하였고 당해 4월 공식적으로 운영하였다. 2018년 6월 기준으로, 3,300만여 명의 회원이 등록했으며 2,400여개의 코스를 제공하고 있다.[64]

대부분의 강의는 4주에서 10주 동안 온라인을 통해 진행된다. 강의에는 퀴즈, 주별 과제, 동료 평가, 시험이 포함되며, 결과에 따라, 수료여부가 결정된다. 수강할 수 있는 강의 분야로는 예술, 인문학, 경영, 컴퓨터공학, 수학, 언어, 생명공학, 자연과학, 자기계발이 있다. 수강생들의 국적은 미국이 21%로 가장 높으며, 그 다음은 인도, 중국, 러시아 순으로 한국은 1.9% 정도를 차지하고 있다.

코세라는 급부상하는 빅데이터, 인공지능, 사물인터넷(IoT) 등 빠르게 변화하고 있는 4차 산업혁명을 받아들이기 위해 기술에 대한 수요가 늘어남에 따라 더 인기를 끌고 있는 중이다. 세계에서 알려진 대학교수들부터 이러한 첨단 학문을 언제 어디서나 손쉽게 배울 수 있는 기회를 제공한다는 게 코세라의 가장 큰 장점이다.

---

64) 위키백과

① 가성비 있는 강의료

 코세라의 강의는 무료로 오픈한 강의들이 많으며, 평생학습을 원하는 학생 및 직장인들이 필요한 질 높은 지식을 저렴하게 제공하고 있다. 개인 대상 강의 수료증 발급 및 기업 대상 온라인 교육 서비스로 코세라는 수수료를 받고 있으며, 보통 7일의 트라이얼(체험판)을 사용 후 월 48달러(약 4만 5000원) 정도의 금액을 지불하면 된다.

 실제 한 대학의 온라인 경영학 석사 프로그램의 2~3년 과정을 이수하기까지 2000만 원 정도만 소요되며, 실제 미국에서 유학을 하러 갔을 때 보다 훨씬 저렴하게 석사를 딸 수 있는 것이 가장 큰 장점이다. 코세라는 영리 목적으로 설립된 기업이 아니기에, 매출 규모와 수익률은 크게 의미가 없는 편이라고 한다.

② 효율적이고 철저한 교육 관리 시스템

 코세라에서 듣는 과목의 과정을 이해하려면 주말평가와 단계별 퀴즈를 패스해야 하며, 같은 강의를 듣는 다른 교육생의 과제를 매번 5개를 평가해야 하는 독특한 시스템을 가지고 있다. 이는 1명의 담당 교수가 일일이 전 세계 수백 수천만명의 학생을 대상으로 평가를 테스트할 수가 없으므로 수강생끼리 채점하게 하는 시스템을 사용한 것이다. 이는 위키백과와 같은 '집단지성'을 잘 활용한 케이스다.

③ 양질의 교육 콘텐츠를 제공

 스탠퍼드, 미시건, 듀크대학 등 세계 최고의 대학과 파트너쉽을 가진 코세라는 IT뿐만 아니라 법학, 신문방송학, 인문학 등 다양한 학문 분야들을 2000여 개나 가지고 있다. 유명 대학 교수의 강의를 촬영한 게 아닌, 코세라만을 위한 강의를 별도로 촬영하며 강의 러닝타임은 온라인 강의에 최적화 돼 있어 20분을 넘지 않는다.[65]

---

65) [스타트업in] 코세라, 세계 최고 대학 수업을 듣는다! 가성비 끝판왕 교육 서비스, 데일리팝,
    2018.10.16

(3) Khan Academy

[그림 55] 칸 아카데미

칸아카데미는 2006년 살만 칸(Salman Khan)이 만든 비영리 교육 서비스로, 초·중·고교 수준의 수학, 화학, 물리학부터 컴퓨터 공학, 금융, 역사, 예술까지 1만8000여개의 영어로 된 동영상 강의를 제공하고 있으며 미국 내 2만여개 학급에서 교육 자료로 쓰이고 있다.

① 모든 연령층을 위한 맞춤 학습자료를 제공

칸아카데미는 연습 문제, 동영상 수업, 교실 안팎에서 자신의 학습 속도에 맞추어 공부할 수 있는 개인 맞춤형 학습 대시보드를 제공하고 있다. 칸아카데미는 수학, 과학, 컴퓨터 프로그래밍, 역사, 미술사, 경제 등 다양한 과목을 가르치고 있으며, 특히 수학 프로그램은 유치원 수학부터 미적분 수준을 모두 아우르는 과정으로, 학습자의 강점과 약점을 스마트하게 알려주는 있는 최신 기술 및 적응 기술을 활용해 학습자를 올바른 길로 인도하고 있다. 또 나사(NASA), 뉴욕현대미술관, 캘리포니아 과학 아카데미와 MIT 같은 기관들과 제휴하여 전문적인 자료 제공에도 힘쓰고 있다.

② 학부모들과 선생님을 위한 무료 툴 제공

칸아카데미는 교수자를 최대한 지원해 학생들이 잘 배우고 있는지, 어떻게 해야 최대한 잘 가르칠 수 있는지 등 학생들에게 좋은 교육을 제공하는 데 힘쓰고 있다. 따라서 학생이 수업을 어려워해서 뒤처지고 있는지 그리고 충분한 이해로 미리 앞서나가고 있는지 한눈에 살펴볼 수 있도록 무료 툴을 제공하는데, 교사는 칸아카데미 교사 대시보드에서는 학급의 전체적인 성과 요약과 학생의 세부 프로필 등 다양한 정보를 확인할 수 있다.

③ 무료로 제공

칸아카데미는 전세계 누구에게나 세계적 수준의 교육을 무료로 제공하는 비영리단체로, 따라서 지역 사회의 수천 명의 자원 봉사자들과 후원자들이 도움을 주고 있다. 이를 통해 전 세계에 있는 수백만 명의 학생들은 매일 칸아카데미에서 자신의 학습 속도에 맞추어 공부할 수 있으며, 이러한 칸아카데미는 스페인어, 프랑스어, 브라질 포르투갈어를 포함해 36개 이상의 언어로 번역되고 있다.

④ 개별화 수업을 가능하게 함

칸아카데미는 기존 다른 학습 플랫폼과는 다른 고유의 특성이 있다. 그것은 바로 칸아카데미를 학습하는 결과에 따라서 수준에 맞는 학습 자료를 제공하는 LMS다. LMS는 Learning Management System의 줄임말로, 온라인으로 성적과 진도, 출석 등을 관리해주는 시스템이다. 그 중 칸 아카데미는 학습자의 수준에 맞춰서 보충 심화 자료를 자동으로 제공해주는 학습 플랫폼이라고 할 수 있다.

쉽게 말하면 칸아카데미는 내가 무엇을 잘하는지, 힘들어하는지 파악하고 더 쉬운 문제나 어려운 문제를 자동으로 제공하기 때문에 학습자는 자신의 수준을 쉽게 파악할 수 있고 진도를 조절할 수 있다.[66]

---

66) 나는 공짜로 공부한다…"칸아카데미(Khan Academy) 들어보셨나요?", 에듀인뉴스, 2019.07.05

(나) 아이스크림에듀

[그림 56] 아이스크림에듀

아이스크림에듀는 아이스크림미디어(구 시공미디어)에서 아이스크림홈런사업부를 분할하여 2013년 5월에 설립되었으며, 2019년 7월에 코스닥시장에 상장된 법인으로 초등학생 및 중학생을 대상으로 스마트 홈러닝 서비스('아이스크림홈런(i-Scream Home-Learn)')를 제공하고 있다.

아이스크림에듀는 교육과 기술을 융합한 에듀테크 선도 기업으로 학습 데이터 분석을 통해 초등학생에게는 1:1 맞춤형 자기주도 학습 서비스를 제공하고, 중학생에게는 내신에 특화된 과목별 최적화된 학습 서비스를 제공하고 있다.

아이스크림에듀는 계열회사로 모회사인 시공테크와 3개의 관계사(시공문화, 아이스크림미디어, 시공테크미얀마)가 있다. 관계사인 아이스크림미디어는 국내 최초로 초등학교 교사용 학습자료 사이트('i-Scream')를 개발하였고, 국내 교사의 약 94%(2018년 기준)가 유료 사용하는 330만 개 이상의 디지털 콘텐츠를 초등학교에 공급하고 있어 동사의 사업 성장에 긍정적인 효과를 줄 것으로 판단된다.

아이스크림에듀의 주력 서비스인 아이스크림홈런은 초등용, 중등용, 공부방용으로 구분되며, 동사의 매출 대부분은 초등용 서비스를 통해 시현되고 있는 것으로 나타났다. 공부방용 서비스는 2017년 초, 중등용 서비스는 2017년 말에 시작되어 아직 매출 비중이 적은 것으로 여겨지며, 초등용 서비스 모델의 성공을 기반으로 중등용 서비스로의 연계 확장이 가능할 것으로 판단된다.

아이스크림홈런은 멀티미디어 학습 콘텐츠와 전용 디바이스, 학습 데이터 분석, 개별 맞춤형 자기주도학습 코칭으로 서비스가 구성되어 있다. 교과 전과목을 학생이 혼자서 학습

할 수 있도록 텍스트, 멀티미디어 등의 콘텐츠로 제작하였으며, 교과학습 이외에 코딩, 문화, 예술 등의 다양한 주제의 콘텐츠를 제공하여 상급학교 진학에 대비할 수 있도록 하였다.

학습 전용 디바이스는 일반 태블릿 PC와는 달리 홈런 학습에만 이용할 수 있도록 외부 인터넷 접속 및 앱 구동이 원천 차단되도록 개발되었으며, 터치 및 필기로 능동적인 학습에 참여할 수 있도록 단말기가 구성되어 있다. 'AI생활기록부'는 학생들의 학습 및 활동 데이터 수집 체계를 구축하여 학습 결과와 과정에서 발생하는 모든 데이터를 수집하고, 정교한 학습 데이터 분석을 통해 학생에 대한 종합적이고 구체적인 정보 제공으로 개인별 맞춤 학습 서비스가 가능하도록 하였다. 주 1회 홈런 선생님이 학생 수준에 맞도록 학습 일정을 설계해주고, 1:1 자기주도학습 코칭이 이루어진다.[67]

한편, 과학기술정보통신부는 2021년 9월 디지털뉴딜 우수 사례로 아이스크림에듀와 유비온, 오파스넷 등 3개 사를 선정했다고 밝혔다. 과기정통부는 디지털 뉴딜 참여 기업 중 성과가 우수하고 국민 체감도와 파급 효과가 높은 사례를 매달 선정해 디지털 뉴딜 우수 사례로 발표하고 있다.

아이스크림에듀는 인공지능(AI) 학습용 데이터 구축 사업으로 대규모 학습자 성취 수준 측정 데이터 세트를 구축하고 학습자 맞춤형 영어학습 콘텐츠를 개발했다. 유비온은 18개 교육기관과 120여 곳의 대학에 클라우드 기반 다양한 교육 서비스를 제공하고 있으며 오파스넷은 응급안전 안심 서비스 구축사업을 통해 2023년까지 30만 독거노인 가구에 응급 상황 대응 시스템을 구축할 예정이다.[68]

---

67) 아이스크림에듀, 한국IR협의회, 2020.03.26
68) 9월 디지털뉴딜 우수 기업에 아이스크림에듀 등 3곳 선정. 2021.10.05. 중소기업뉴스

(5) 메스프레소

[그림 57] 매스프레소

매스프레소는 2015년 창업한 에듀테크 기업으로 AI기반 수학문제 풀이 앱 '콴다'를 운영하고 있다. 학생이 모르는 문제를 사진 찍어 콴다에 올리면 이미 해설이 있는 문제는 5초 내로, 새로운 문제는 명문대 선생님이 7분 내로 자세한 풀이를 제공하고 채팅으로 실시간 질의응답을 받아준다.

매스프레소는 한국어와 수식 인식에 탁월한 AI 기반의 광학문자판독(OCR) 기술을 개발하고, 축적해온 해설 데이터와 자체 검색 엔진을 기반으로 검색 품질을 향상시켰다. 2016년 서비스 출시 이후 6개월 만에 누적 검색 1천만 건을 달성했으며, 현재는 2억 건이 넘는 데이터가 구축돼 있어 올라오는 질문의 99%는 기존 데이터베이스로 커버할 수 있게 됐다. 나머지 1%는 콴다에서 활동하는 튜터들이 직접 문제를 풀어준다.[69]

2019년 매스프레소는 학습 코칭 모바일 문제집 '콴다 문제집'을 출시했다. 모바일 어플리케이션 콴다에서 사용 가능한 '콴다 문제집'은 수학 문제를 무제한으로 제공하고 풀이 데이터 기반 맞춤 문제를 추천하는 학습 코칭 모바일 문제집 서비스다. 사용자는 중학교, 고등학교 과정 2만 개의 문제를 횟수 제한없이 풀 수 있으며, 학기, 유형, 난이도 등에 따라 학습 범위를 선택해 맞춤형 문제를 추천받는다.

학생들은 원하는 유형의 문제만 모아 보는 문제 모음 기능 '트랙'을 통해 약 500여개 주요 개념과 파생 문제를 집중적으로 이해할 수 있다. 또한, 문제를 풀고 난 후에는 자동으로 해설이 제공되며, 틀린 문제는 별도로 저장되어 '오답노트'에서 확인할 수 있다. 사용자는 본인의 문제 풀이 기록에 따라 유형별로 등급을 세분화해서 취약한 유형을 쉽게 파악할 수 있다. 콴다 문제집은 학업 동기 부여를 위해 일부 문제를 풀면, 앱 내의 다른 기능을 사용할 수 있거나 기프티콘으로 교환이 가능한 코인을 지급한다.[70]

---

69) 문제 해설 검색 플랫폼 '매스프레소', 50억 규모 투자유치, 김민정, 플래텀, 2018.06.12
70) 매스프레소, 학습 코칭 모바일 문제집 출시, 최홍매, 플래텀, 2019.04.10

한편, 매스프레소는 자사 인공지능(AI) 기반 학습플랫폼 '콴다'의 글로벌 월간 순 이용자 (MAU)가 2021년 9월 기준 1200만명을 넘어섰다고 밝혔다. 매스프레소는 작년 목표였던 600만 MAU 조기 달성했으며, 2021년 목표치인 MAU 1300만 중 90% 이상을 3분기에 돌파하며 목표 조기 달성을 전망했다.

콴다는 2018년 11월 일본 진출 후 현재까지 20개국에서 교육 차트 1위를 차지한 바 있다. 1200만 MAU 중 85%는 해외 이용자이며, 일본, 베트남, 인도네시아, 태국에서 주로 유입되는 것으로 나타났다. 매스프레소 측은 높은 교육열을 가진 아시아권 국가들에서 시간, 장소 제약 없이 편리한 학습 경험을 제공하는 콴다가 현지 학생들의 수요와 맞물린 것으로 분석했다.

매스프레소는 현재 28억건의 검색 데이터를 기반으로 학생 수준에 맞춤화된 학습 콘텐츠를 제공하는 추천 모델을 고도화 중인 것으로 알려졌다.[71]

---

71) 매스프레소, 학습 플랫폼 '콴다' 글로벌 MAU 1200만 돌파. 2021.10.18. etnews

(ⓑ) 캐치잇플레이

ılı CATCH IT **PLAY**

[그림 58] 캐치잇플레이

캐치잇플레이는 넥슨, 엔씨소프트, 대교, 카이스트 등 국내외 학습과 게임 전문가들이 모여 2016년 설립한 에듀테크기업으로, 주력 서비스는 학습에 게임기술을 접목한 언어학습 어플리케이션 '캐치잇 잉글리시', '캐치잇 코리안' 등이다.

캐치잇플레이는 영어 학습 서비스인 '캐치잇 잉글리시', 외국인 대상의 한국어 학습 서비스인 '캐치잇코리안'을 안드로이드와 iOS용 모바일 앱으로 배포 중이다. 캐치잇플레이는 언어학습을 게임화 시키는데 초점을 맞췄으며 단순히 레벨이나 아이템 요소가 있다는 것을 넘어 게임의 생태계 자체를 넣었다. 특히 학습에서는 반복이 중요한데 캐치잇플레이는 게임의 메커니즘이 중요하게 작용할 수 있다고 생각했다.

최근 캐치잇플레이는 코로나19 확산으로 발생한 전국 학교의 개학 연기에 학생들의 학업 공백을 돕기 위해 영어학습 어플리케이션인 '캐치잇 잉글리시(Catch It English)'를 전국 학생들에게 무료로 지원한다고 발표하기도 했다.[72]

---

72) 영어학습앱, '캐치잇 잉글리시' 전국 학생에 무료 배포, 매일경제, 2020.03.04

4. 무인시스템

  1) 무인 보안서비스 시장
    (1) 세계 시장 전망

현재 전세계 무인보안 시장은 매년 9%가량 성장하고 있다. 무인 보안서비스는 최근 테러 증가와 함께 성장세를 보이고 있으며, 이에 가장 큰 역할을 한 것이 바로 사물인터넷(IoT)이라고 할 수 있다.

마켓앤마켓의 분석에 따르면 2016년 690억 6,000만 달러였던 무인보안 시장 규모는 2021년 1,123억 2,000만 달러로 성장할 것으로 전망되며, 스칼라마켓리서치의 분석에 따르면 2016년 715억 9,000만 달러였던 시장 규모는 2022년 1,587억 9,000만 달러까지 성장할 것으로 전망된다.

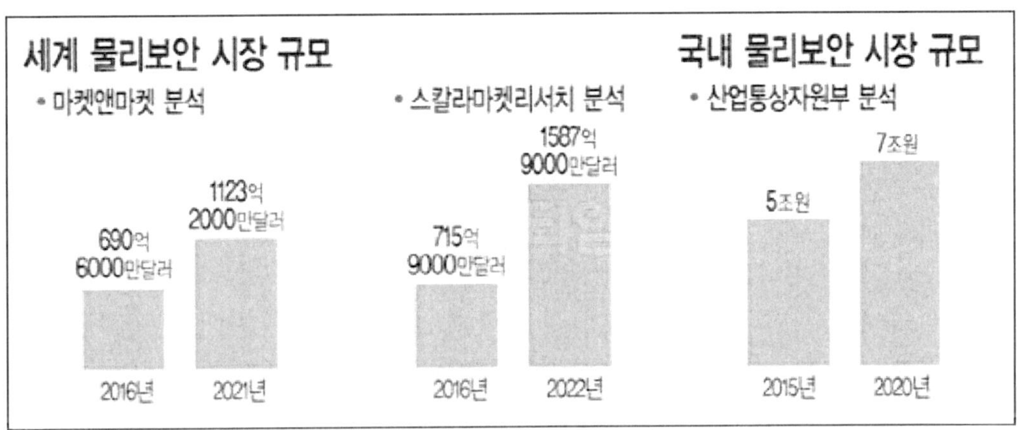

[그림 59] 세계 물리보안 시장 규모

글로벌 시장조사기관인 마켓앤마켓에 따르면, 글로벌 보안시장 규모는 2016년 2,475억 달러에서 2021년 4,565억 달러로 약 2배 가량 증가할 전망이다. 스마트 홈 모니터링 및 보안 장치의 출하량은 2019년 말까지 1,132만대로 증가하여 2018년 8,890만 대보다 27.3% 증가할 것이며, 2023년 말까지 총 출하량은 2,495 만 대에 이를 것으로 전망된다.

홈 모니터링 및 보안 관련 응용 프로그램은 다른 대부분의 홈 응용 프로그램보다 지속적으로 더 많은 관심을 보이고 있는데, DIY(Do-it-Yourself) 장치의 유입, 시간이 지남에 따른 가격 인하, 지능형 사람 및 음성 인식 서비스 등의 요인이 향후 수요를 주도할 전망이다.

홈 모니터링 보안과 관련된 장치 유형별 예측 출하량을 살펴보면, 비디오 초인종 출하량은 2018년 470만 대에서 2019년 1,640만대로 전년 대비 245.4% 증가했으며, CAGR 53.9%로 2023년 4억 9,900만 대로 증가할 전망이다. 또한, 카메라 출하량은 2018년 2960만 대에서 2019년 3,250 만대로 증가하였고, CAGR 17.7%로 2023년에는 6670만대를 기록할 것으로 예측된다. 도어락 출하량은 2018년 900만대에서 2019년 970 만대로 증가하여 전년 대비 7.4% 증가 했으며, CAGR 29.1%로 2023년에 3,230만대로 증가할 전망이다.

센서 출하량은 2018년 3,400만 대에서 2019년 4,410만 대로 증가하여 전년 대비 23.4% 증가했으며, CAGR 20.7%로 2023년에 8,700만대로 증가할 전망이며 마지막으로, 시스템 허브 및 패널 등을 포함한 기타 장치 출하량은 2018년 1,160만 대에서 2019년 1,270만 대로서 전년 대비 9.7% 증가했으며, CAGR 14.3%로 2023년 2,260만 대로 증가할 전망이다.

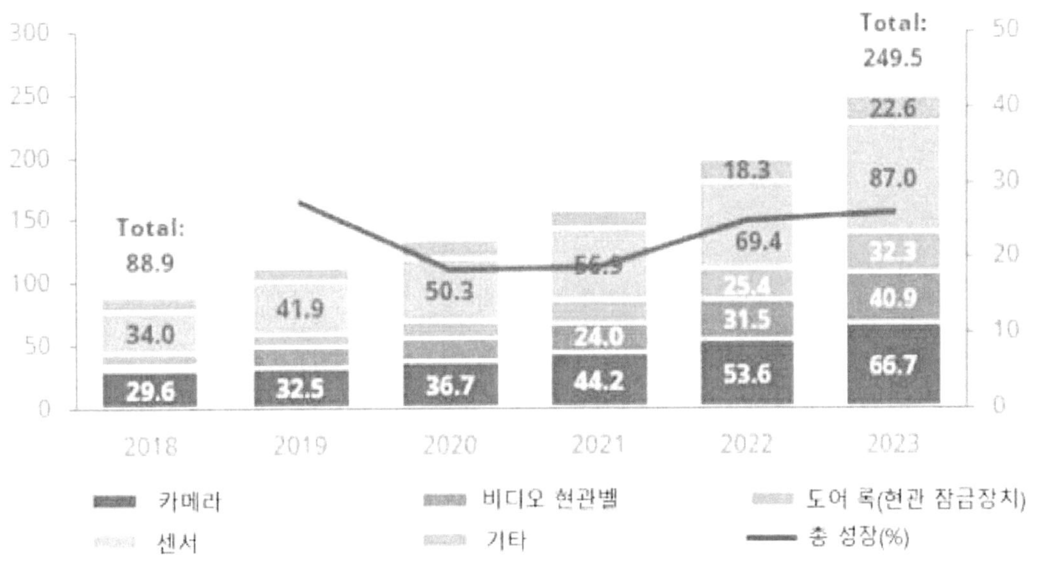

[그림 60] 미국 홈 모니터링 및 보안 출하량 현황 (단위 : 백만 대, %)

지문, 홍채, 망막, 얼굴인식 등 보안 생체인식 시장은 CAGR 7.5%씩 성장하고 있으며, 국토안보부와 방위청 등 공공기관에서의 생체인식 시스템 도입과 생체인식 신분관리소 구축을 통해 투자 증가와 업계 수익이 증가함에 따라 2021년 94억 달러로 확대될 것으로 전망된다. 제품별로는 지문 인식이 생체인식 스캔업계에서 50%을 차지하고 있으며, 체육관, 도서관 등에서 카드 대신 지문을 사용하고 있으나 망막 인식의 정확성과 용이성이 높아져 점유율이 감소할 전망이다. 얼굴인식은 주로 정부에서 사용했으나 보안카메라, 얼굴사진을 통한 확인기술의 발달로 범죄수사에 많이 사용할 것으로 예상되며, 3D 안면인식 등 혁신기술은 정확도가 낮은 것이 단점으로 지적되고 있으며, 손, 정맥, 음성 등을 활용한 생체인식의 시장 증가도 예상된다.

물리보안 시스템 서비스 시장은, 2018년 2,556억 달러에서 2019년 2,726억 달러로 CAGR 6.6%의 성장률이 전망된다. 2019년 서비스 시장별로는, 보안 시스템 서비스 (61%), 침입 탐지 관리 및 모니터링 (30%), 화재감지 및 모니터링 (2%), 보호 장비 및 안전 (4%), 폐쇄 감시 시스템 (3%) 서비스로 세분화 되어 있으며, 이러한 시장 비중은 2017년과 거의 동일하며 시장 판도에는 큰 변화가 없다.[73]

---

73) 정보보호 산업 개요, 한국인터넷진흥원, 2020.04.05

(2) 국내 시장 전망

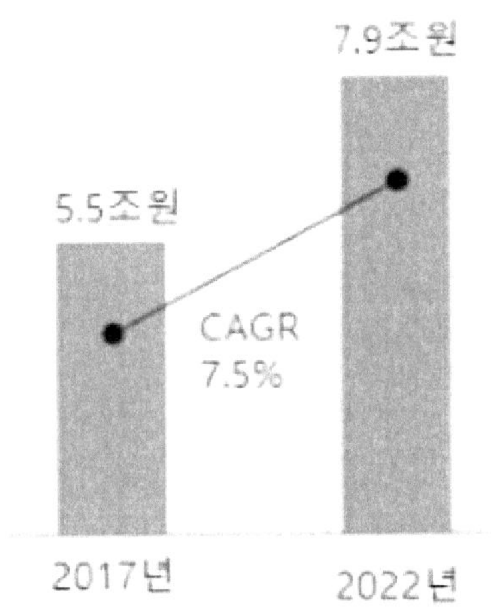

[그림 61] 물리보안 시장 전망

　국내 물리보안 시장은 노동집약적 산업으로 시작되었으나 정보통신기술을 접목하여 최근
에는 정보보안, 타산업 등과 융합되어 보안관리솔루션 시장으로 성장하고 있다. "2019 국
내 정보보호산업 실태조사" 보고서에 따르면 2019년 기준으로 국내 전체 보안시장 규모
는 10조 5,572억원 수준이며, 이 중 물리보안시장이 7조 2,795억원(68.9%), 정보보안시
장이 3조 2,776억원(31.1%)으로 구성되어 있다. 국내 대표 통신사는 국내 물리보안 시장
이 2017년 5.5조원 규모에서 연평균 7.5% 성장률을 보이며 2022년에는 7.9조원까지 성
장할 것으로 전망했다. 이를 바탕으로 물리보안서비스 시장의 성장잠재력이 매우 높은 것
으로 예측된다.

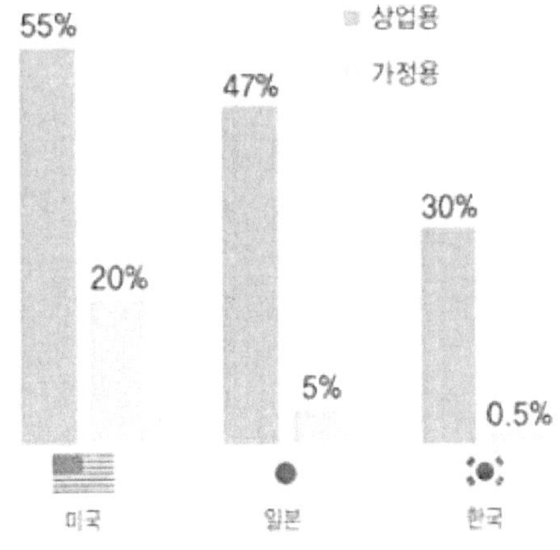

[그림 62] 물리보안서비스 보급비중

　현재 국내 물리보안서비스 사용 비중이 미국(상업용 55%, 가정용 20%), 일본(상업용
47%, 가정용 5%)에 비해 현저히 낮은 수준으로 나타나고 있다.

물리보안산업 중분류상의 업종별 2018-2019년 성장률을 기준으로 향후 5년 간 성장 추이를 예측하면 2020년 국내 물리보안 전체 시장규모는 약 7조 5,641억 원 규모이며 2025년에는 9조 5,010억 원으로 추정된다.[74]

		2020년	2021년	2023년	2025년
물리보안 시스템 개발 및 공급	보안용 카메라 제조	1,240,094	1,313,260	1,472,796	1,654,719
	보안용 저장장치 제조	938,958	954,921	987,664	1,021,530
	CCTV 카메라 부품	529,166	552,979	603,866	659,437
	물리보안 솔루션	486,270	564,073	759,016	1,021,332
	물리보안 주변장치	166,779	169,448	174,914	180,556
	출입통제 장비 제조	510,574	516,191	527,609	539,280
	생체인식 보안시스템 제조	338,544	363,596	419,400	483,768
	경보/감시 장비 제조	221,621	222,065	222,954	223,846
	기타제품	379,173	384,102	394,154	404,468
	소계	4,811,181	5,040,634	5,562,373	6,185,931
물리보안 관련 서비스	출동보안서비스	1,729,700	1,731,430	1,835,418	1,945,651
	영상보안서비스	430,195	445,251	468,669	493,319
	기타보안서비스	593,046	655,909	758,080	876,166
	소계	2,752,941	2,832,590	3,062,167	3,315,136
합계		7,564,121	7,873,224	8,624,540	9,501,067

[표 15] 물리보안 국내 시장 전망 추정(2021 ~ 2025년) (단위: 백만원)

---

74) 경기도 물리보안산어의 실증 지원 정책 방안 연구, 경기도의회, 2020.06

2) 무인점포 시장

(1) 세계 시장 전망

온·오프라인의 장점을 결합한 무인점포가 빠른 속도로 퍼지고 있다. 미국 시장조사업체 BCC리서치는 '디지털 키오스크' 시장이 오는 2020년 172억 달러(약 19조 5740억 원)로 2016년보다 2배 이상 커질 것이라 분석했다.

중국에서도 무인점포가 급속도로 확산되고 있는데, 미국 최대 온라인 쇼핑몰인 아마존을 시작으로 미국 월마트와 일본 로손 등 각국의 유통업체들이 앞다투어 인공지능(AI)과 빅데이터를 결합한 무인점포를 도입하고 있는 가운데 중국이 압도적으로 앞서고 있다.

알리바바, JD닷컴 등 중국 대표 전자상거래 업체들을 필두로 식품업체 '와하하(娃哈哈)', 가구업체 '쥐란즈자(居然之家)', 대형마트 '융후이(永輝)'등 전통 유통업체들까지 무인 점포 시장 진출을 선언한 상태다. 터우쯔제(投資界) 등 중국 현지 언론에 따르면 2017년 10월 기준 중국에 설립된 무인 편의점 전문업체만 50여개에 달한다. 중국 시장조사업체 아이메이 리서치(iiMedia Research)는 중국 무인 점포 시장 매출 규모를 2017년 389억위안(약 6조5000억원), 2020년에는 1조8105억위안(약 300조3000원)으로 추정했다. 이용객 수는 올해 600만명에서 2022년 2억4500만명으로 늘어날 것으로 예상했다.

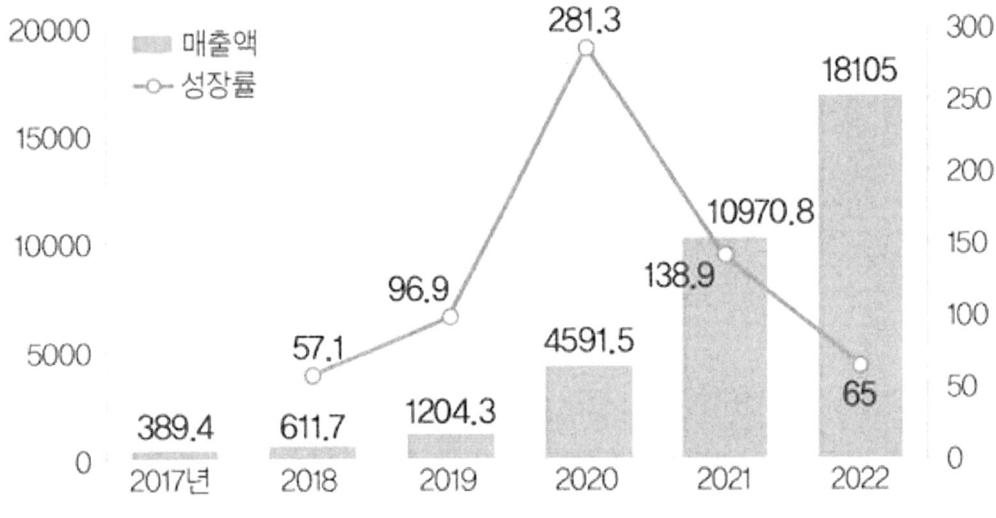

[그림 63] 중국 무인점포 매출 전망

중국 무인판매시장은 크게 무인판매기, 무인가판대, 무인편의점 3종류로 구분된다. 그 중 자동판매기가 가장 이른 형태로 이미 시장 성숙기이며 판매지역이 광범위하다. 무인가 판대의 경우 낮은 자본으로 오피스 빌딩 내부 등 비교적 폐쇄된 공간에만 설치가 가능하 다.

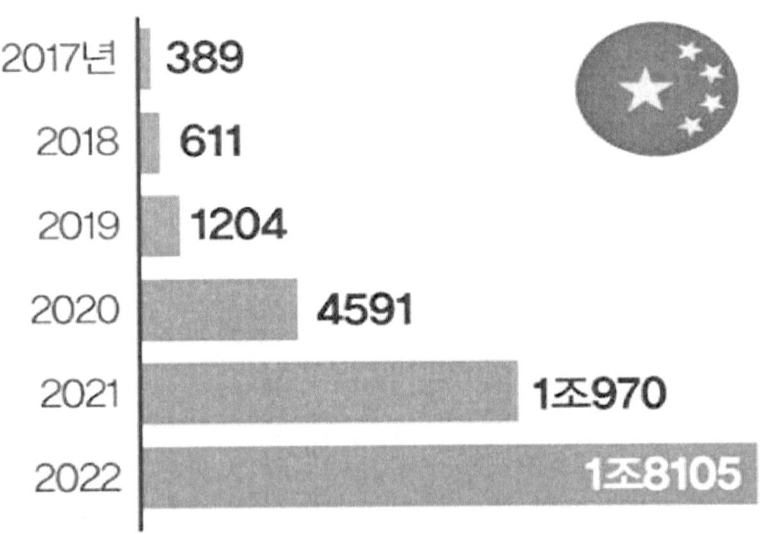

[그림 64] 중국 무인편의점 시장규모 전망(단위:억위안)

최근 중국 인구 소비력이 향상되고, 도시화가 발전되고 상업 환경이 개선됨에 따라 자동 판매기 시장이 고속 성장기를 맞이하였다. 2016년 중국 자동판매기 보유량은 19만대, 매 출액은 75억 위안이다. 2020년에는 자동판매기 보유량이 110만 대, 연 매출액은 440억 위안에 육박할 것으로 전망된다.

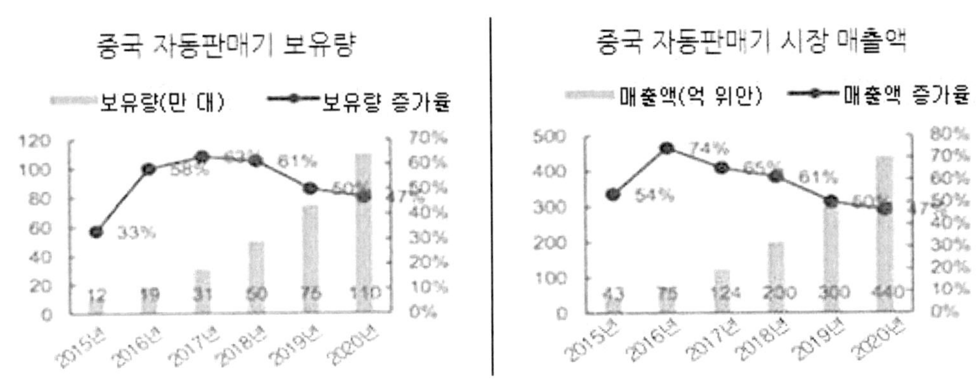

[그림 65] 중국 자동판매기 보유량 및 시장 매출액

75)

현재 중국에 설치된 자동판매기의 90%는 전문운영업체 40~50곳에서 운영 중이며 나머지 10%는 식품음료업체에서 운영 중이다. 요우바오(友宝)는 중국 최대 자동판매기 전문운영업체로 2016년 자동판매기 보유량은 5만7000대, 매출액은 16억 위안, 순이익은 8000만 위안을 달성했다. 무인편의점은 사물인터넷, 인공지능, 전자 단속카메라 등 신기술을 활용해 전통 매장을 개조함으로써 운영상의 효율성과 소비자 체험을 동시에 향상시킨다. 이미 중국 편의점은 상당수 모바일화가 되어 있는데, 45%에 해당하는 고객이 온라인(모바일)을 통해 편의점 서비스를 이용한다. 그리고 모바일 결제 모듈을 도입한 편의점은 97% 비중을 차지한다.

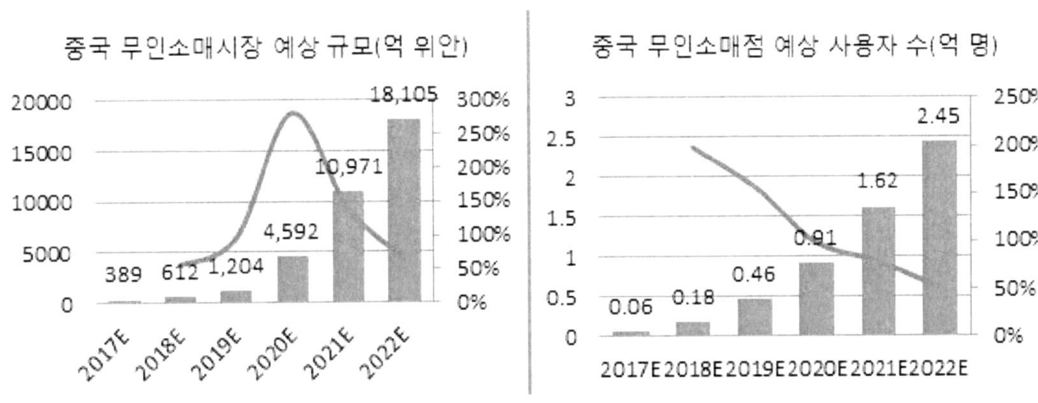

[그림 66] 중국 무인소매시장 예상규모(좌), 중국무인소매점 예상 사용자 수(우)

무인 점포	대표업체	기술적 특징	비용 및 기술 난이도
컴퓨터비전 무인점포	아마존 고, 타오카페, Take Go	컴퓨터비전, 딥러닝, 감응신호장치, 생채인식	쇼핑에 최적화 됐으나 기술적 난이도 높음
RFID 무인점포	빙고박스, 세븐일레븐	RFID	비용 다소 높음 셀프계산과 유사
QR코드 무인점포	비엔리펑, 샤오 e웨이디엔	QR코드	저비용 일반편의점과 유사

[표 16] 중국의 무인점포 기술유형

---

75) 자료원 : 中信证券, 搜狐

중국 시장조사기관인 증상산업연구원은 무인점포의 기술 유형을 컴퓨터비전, RFID 및 QR코드 세 가지로 분류했는데, 가장 기술 수준이 높은 것은 아마존 고, 타오카페 및 Take go의 컴퓨터비전 무인점포다. 알리바바의 타오카페는 인공지능 기술을 이용한다. 알리바바는 스마트폰 없이 안면 인식 등을 통해 고객을 식별하는 등 인공지능 시스템 업그레이드에 매진 중이다. 빙고박스와 타오카페 외에도 선란커지(沈蘭科持)다.

선란커지는 유통업체들에게 판매할 무인점포 솔루션을 개발하는 업체로 선란커지가 개발 중인 'Take go'는 앱 다운로드, QR코드 이용이 불필요하고 계산대에서 직접 계산을 할 필요도 없다. 매장에 들어 갈 때 손바닥만 스캔하면 되고 상품을 고른 후 나가면 된다. 손바닥 정맥인증을 통해 고객을 식별하고 결제는 카메라와 센서를 통해 자동으로 이루어 진다.

RFID 무인점포는 비용이 저렴하고 기술력도 좋아 보급이 용이하다. 빙고박스가 상품당 부착하는 RFID비용은 약 0.2~0.5위안(약 30~80원)이다. 매달 RFID 제조 및 부착비용을 더해도 편의점 직원 한 명의 인건비에 못 미친다. 이런 이유로 진입장벽이 낮아 이미 여러 업체가 RFID 기술을 이용한 무인점포를 내놓기 시작했다. 이지홈이 운영하는 잇 박스도(Eat Box)도 비슷한 운영방식을 채택했는데 점포당 하루 매출 규모가 약 1500위안이다. 이지홈은 10개월 안에 고정비용을 회수할 수 있을 것이라 전망하고 있다.

Euromonitor에 따르면 중국의 향후 5년 동안 무인소매시장은 꾸준히 성장할 것으로 예상되며, 2020년 소매시장 예상 성장률은 281%이다. 2022년까지 시장교역액 규모는 1만 8000위안(약 300조 원)을 초과할 것으로 보인다. 2018년에는 무인소매점 사용자가 약 800만 명 정도로 예상되지만 2022년에는 약 2억 4500만 명까지 증가할 것으로 보고 있다.

향후 5년간 무인판매 시장은 발전 황금기를 맞아 2020년 성장률이 281.3%, 2022년까지 1조 8000억 위안을 초과할 전망이다. 2017년 무인판매점 이용규모는 500만명으로, 향후 5년간 이용자가 대폭 증가할 것으로 예상되며, 2022년에는 이용자 규모가 2억 45000만 명에 달할 전망이다. iResearch 보고서는 중국 무인 리테일 산업 시장규모를 2017년 0.4억 위안에서 2020년 33억 위안으로 대폭 증가할 것으로 전망했다. 이처럼 중국의 무인상점 시장이 커질 것으로 전망되는 이유는 대다수의 중국인들이 QR코드 등을 이용한 무인 결제방식에 익숙하고 발전된 모바일 결제시스템을 보유해나가고 있기 때문이다.[76]

---

76) 언택트 문화 확산과 리테일 산업 무인화 동향, 전이슬, SPRi, 2019.11

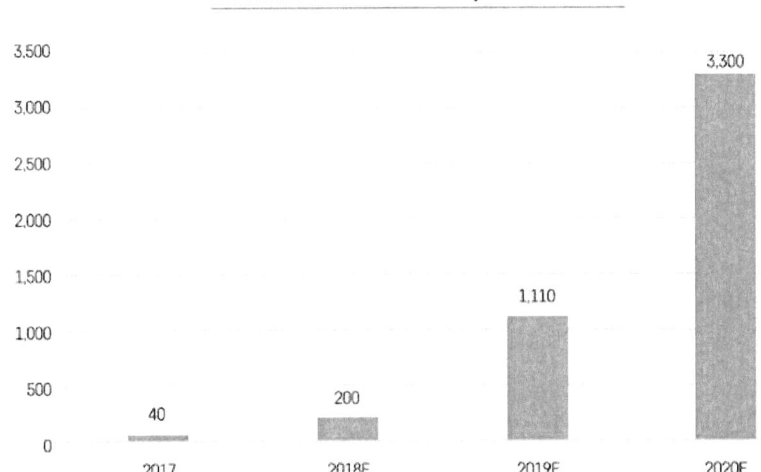

[그림 67] 중국 무인 리테일 산업 시장 규모

(2) 국내 시장 전망

신한은행 관계자에 따르면 2016년 20여 대의 무인 단말기를 운영한 결과 1만 1000건이 넘는 체크카드 발급과 8000여 건의 인터넷뱅킹 가입 등으로 영업직원의 업무처리 시간이 2300여 시간 줄어든 것으로 조사됐다.

특히 국내는 최저임금 인상으로 오프라인 매장의 무인화를 앞당길 것으로 보인다. 완전히 직원을 없앤 곳은 소수지만, 직원 수를 줄이는 대신 무인 주문·결제 시스템을 도입한 경우가 늘고 있다.

국내에서는 키오스크를 활용한 무인결제 시장이 뜨고 있다. 국내 키오스크 시장은 다수의 중소기업들이 기기를 제작하여 공급하고 있는 파편화된 시장이다. 국내에서 가장 규모가 큰 키오스크 사업자는 한국전자금융과 씨아이테크로 지난해 기준 관련 매출은 100억원 수준에 불과하였다. 나머지는 연간 매출 20~30억원 수준의 다수의 영세 사업체로 구성되어 있다. 이에 국내 키오스크 시장 전체 규모를 추정하기는 어려우나, 업계에서는 300~500억원 규모로 추정하고 있다. 국내 키오스크 시장은 아직 초기 단계로 시장 규모가 아직 크지 않고 파편화되어 있다. 그러나 패스트푸드 업계에서 시작된 키오스크 도입이 외식 업계 전반과 숙박, 공연, 전시 업계 등 다양한 분야로 확산되고 있는만큼 향후 성장 잠재력은 높다고 판단된다.[77)]

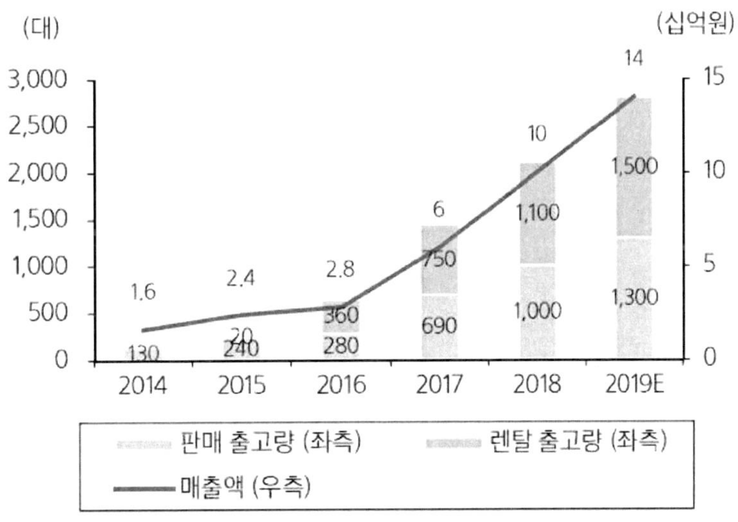

[그림 68] 한국전자금융 키오스크 매출 지속적 성장

77) 무인화 시대, 모바일 플랫폼 역할 확대, 삼성증권, 2019.10.11

국내 키오스크 구입 가격은 1대당 200만~800만원 수준이며, 월 10만~40만원이면 렌탈도 가능하다. 아르바이트생을 1주일 고용할 비용이면 키오스크 1대를 한 달간 임대할 수 있으며 무인주문기 1대당 약 1.5명의 인건비 절감효과가 나타난다. 키오스크는 1) 인건비 절감 효과뿐 아니라 2) 주문이나 결제의 회전율이 빠르다. 따라서, 패스트푸드 프렌차이즈 업계에서 무인화가 가장 빠르게 진행되고 있다.

프렌차이즈 업계뿐 아니라 최저임금 인상의 직격탄을 맞은 편의점 업계도 무인화가 진행되고 있다. 국내 편의점 점포 수는 2018년 기준 4만개를 넘어서 포화 상태에 이르렀다. 한국은 인구 5,000만명을 기준으로 인구 1,250명당 편의점이 1개이고 편의점 천국이라 불리는 일본은 인구 2,200명당 편의점 1개로 일본보다도 약 두 배가량 많은 수준이다. 그러므로 1개 점포당 매출은 줄어드는데 최저임금 인상으로 인건비가 증가하기 때문에 무인화가 필수다.

아직까지 국내 시장은 부분 무인화가 주를 이루고 있다. 현재 프렌차이즈 패스트푸드 업체는 키오스크 기기만 매장에 구축해 놓았고 편의점은 APP, 카드 POS, 결제, 보안을 계열사 SI 업체들이 자체 솔루션을 구축을 해 운영하고 있다. 따라서, 당사는 국내 무인 시장이 확대되면 단기적으로는 대기업 계열사 SI 업체들이 수혜를 받을 수 있을 것이라고 판단한다.

3) 국내 기술개발 동향

물리보안 업계가 **무인매장, 홈시큐리티 시장**으로 보폭을 넓히고 있다는 소식이다. 기존 물리보안 시장이 포화상태여서 성장이 둔화됐기 때문이다. 1인가구·무인점포 등의 확산으로 시장 가능성이 높아진 이유도 있다.

그동안 물리보안 시장은 가능성에 비해 더딘 성장을 보였다. 지난 10년간 매출규모는 2배 성장했지만 시장은 확대되지 않았다. 그나마 약간의 성장세도 전통적인 무인경비시스템이 아닌 건물관리, 정보보안 등을 사업에 포함하면서 가능해졌다. 물리보안 시장은 지난 2011년 1조8113억원에서 2020년 3조4573억원으로 10년간 약 두배(90.87%) 성장했다.

홈시큐리티 분야의 성장이 점쳐지면서 물리보안 3사는 무인매장 및 홈시큐리티 시장에 가능성을 열어 두고 있다. 가장 적극적인 곳은 **ADT캡스**로 지난 2017년부터 전용상품을 출시해 시장을 공략하고 있다. ADT캡스는 최근 AI기능을 업그레이드하고 디자인을 개선한 **홈시큐리티 제품 'ADT 캡스홈'**을 선보였다. 현관 앞의 배회자 감지부터 실시간 영상확인, 양방향 대화, 위급 시 긴급출동 등의 다양한 기능을 제공하고 있다. 또한 스마트도어락 전문기업 솔리티와 업무협약을 체결하고 ADT캡스와 솔리티는 ADT캡스의 '캡스홈' 앱과 솔리티의 '스마트솔리티' 앱을 연동해 고객의 생활안전을 강화하기로 합의했다.

ADT캡스 관계자는 "기존의 보안상품은 단독주택에 특화돼 '홈시큐리티' 시장을 형성하는데 어려움이 있었지만 최근 공동주택에 특화된 기능과 디자인, 이동통신 결합 등으로 이용 부담이 없어졌다"며 "주거안전, 택배보관 분실 등 수요가 증가하는 만큼 홈시큐리티 시장의 가능성은 더욱 커질 것"이라고 밝혔다. 또한 ADT캡스는 출입용 인증기기, 결제용 키오스크, AI CCTV 등 무인 매장에 필요한 솔루션을 통합·제공하는 '캡스 무인안심존'을 선보였다. 편의점, 스터디카페, PC방, 음식점 등의 업종의 특성과 규모에 따라 맞춤형으로 솔루션을 제공한다.

KT텔레캅은 최근 지능형 CCTV와 비접촉 생체인증시스템을 업계 최초로 결합한 **비대면 출입 보안 서비스 '기가아이즈 아이패스'를 출시**했다. 출입문 앞에 설치된 CCTV를 통해 모바일 앱과 PC로 방문자를 확인하고 실시간 원격으로 출입문을 열어주는 지능형 출입보안 서비스다. 공방·개인교습소 등 1인 매장이나 공유오피스 등과 같은 사업장을 타깃으로 하고 있지만 가정에서의 사용도 배제하지 않았다.

KT관계자는 "기가아이즈 아이패스는 소상공인을 위한 상품으로 출시됐지만 고객의 요청에 따라서는 가정에서도 사용할 수 있다"며 "다만 가정용의 경우는 도어락 시장이 따로 있고 책정된 월정료가 일반 가정에는 부담이 될 수 있다"고 말했다. KT텔레캅은 지능형 CCTV '기가아이즈'를 바탕으로 무인 PC방 공략에 집중한다. 향후 업종별 특성에 따른 솔루션도 제공할 계획이다.

무인PC방 사전등록 회원의 경우 홍채 인식, 비회원이 경우에는 본인인증 후 QR코드를 통해 입장이 가능하다. 다양한 돌발 상황을 사전에 방지해준다. 직원 외 출입이 제한된 카운터나 창고 등에 고객이 접근하거나 고객 간 다툼 상황 발생 시에도 보안 요원이 현장으로 긴급 출동해 신속한 조치를 취해준다. 이 외에도 화재 감지 센서, 비상 호출벨 등 무인PC방에 필요한 서비스를 맞춤형으로 제공한다.

에스원은 공동주택 통합보안 서비스를 제공하면서 희망하는 가구에 한해 추가적인 서비스만 제공하고 개별적인 상품은 마련하지 않았다. 공동주택의 경우 건설사에서 보안에 많은 신경을 쓰면서 개별가구의 필요성이 크지 않다는 이유다. 에스원 관계자는 "공동주택의 경우 건설사에서도 보안에 많은 신경을 쓰면서 주차부터 출입, 세대입구까지 보안시스템이 잘 구축돼 있다"며 "향후 공동주택과 관련한 보안시장의 확대가 예상되고 에스원은 관련한 서비스와 경쟁력을 강화시키는 방안을 마련할 것"이라고 말했다.

한편, 코로나19로 비대면문화가 확산되면서 다양한 업종에서 무인매장도 확산되고 있다. 보안업계는 국내 무인매장이 10만개 이상으로, 2022년까지 1조원 규모의 성장을 예상했다고 밝혔다. 이에 대하여 에스원은 2020년 **무인매장 전용 보안솔루션을 출시**하고 편의점, PC방 등을 공략 중이다. 지능형 CCTV를 도입해 절도, 난동, 화재 등을 자동으로 감지하고 상황이 발생하면 관제센터에서 경고방송으로 제지하고 필요시에는 즉시 보안요원이 출동한다.

업계 관계자는 "무인매장과 홈시큐리티 시장은 생활환경과 문화가 바뀌면서 빠르게 확산되고 있는 시장"이라며 "보안업계에서도 핵심 사업으로 보고 경쟁력을 강화해 나갈 것"이라고 말했다.[78]

---

78) 보안업계, '홈·무인매장' 새 먹거리로 '겨냥'. 2021.10.18. 이뉴스투데이

국제로봇연맹(IFR) 발표자료와 시장 조사기관인 몰 도르 인텔리전스에 따르면 세계 보안 로봇 시장은 2021~2026년간 연평균 7.93% 복합 성장률(CAGR)을 기록하고 2026년에는 38억6000만 달러 규모 시장으로 확대될 전망이다. 이에 따라 국내 보안업계들도 보안로봇 기술개발에 한창이다.

지난 2004년 설립된 세오는 CCTV 기반 영상 관련 기술 개발에 집중해 온 기업이다. 2005년 11월 기업부설연구소를 설립해 지속적인 연구·개발을 통해 영상 관련 소프트웨어 분야에서도 위상을 높이고 있다. 신기술 개발과 국책과제 수행 등의 업무도 수행하고 있다. 무인교통감시장치, CCTV 영상 암호화장치 등의 제품을 출시해 매년 매출이 크게 향상되고 있다. 최근 공공조달 시장에서 영상감시 장치 부문 2년 연속 매출 1위를 기록하기도 했다.

보안 감시 카메라 전문기업 세오는 최근 보안 서비스 로봇 아르보(ARVO) 신규모델 (ARVO S3)을 출시했다고 밝혔다. 세오는 세계 보안 로봇시장의 급성장에 맞춰 보안로봇 아르보를 자체 개발해 '2020년 로보월드'에서 선보인 이후 지속적인 연구·개발을 통해 신규 모델을 경기 일산 킨텍스에서 열리는 '2021 로보월드'에 출품한다고 덧붙였다.

아르보 신규모델은 수요처 요구사항 등을 반영해 열화상카메라 기능과 소화기 등을 탑재했다는 점이 특징이다. 폐쇄회로(CC)TV와 로봇의 융복합을 통해 장소와 시간에 상관없이 사건·사고에 대해 신속하게 대응할 수 있는 통합솔루션을 제공한다. 또한 ARVO는 고정식 폐쇄회로(CC)TV와 사물인터넷(IoT) 장비와 연동해 이상징후를 감지해 현장 정보를 획득

하고 관제 시스템과 연동해 원격 제어가 가능하다. 환경센서가 장착돼 라돈, 온·습도, 미세먼지, 가스(일산화탄소) 등도 탐지할 수 있다.

또 각종 센서와 센서 융합 카메라 기술 등을 이용한 순찰 기능도 보유하고 있다. 통신과 전력시설 등 기반시설과 고가 설비·자재 보관장소를 순찰 감시해 재난 및 도난사고를 예방할 수 있다. 어둡고 협소한 밀폐 공간에서 가스·화기 등으로 인한 다양한 사고 위험요인을 선제 대응할 수 있다. 더불어 발전소, 공항, 철도, 컨벤션센터, 대규모 주거·업무시설, 물류센터, 대형마트·백화점, 호텔 및 리조트 등 다양한 장소에서 활용 가능하다는 특징이 있다.[79]

"CU 무인 자동판매기 제주 서귀포점에 시범 도입"

CU가 주류 무인 자동판매기의 상용화 검증을 위해 제주도 서귀포시에 위치한 CU해비치리조트점에 스마트 냉장고를 도입한다고 밝혔다. CU해비치리조트점에 도입되는 스마트냉장고는 기존 외부의 키패드로 상품을 선택해야 하는 일반 자판기와는 달리 상품을 고른 뒤 문만 닫으면 기기가 상품을 인식해 자동으로 결제된다. 이용 방법은 PASS 앱 성인인증, 신용카드 삽입, 상품 선택 순이다.

해당 기기는 이미지로 사물을 판별하는 AI비전과 데이터를 스스로 학습하는 머신러닝이 탑재된 인공지능(AI) 기술을 기반으로 고객이 구매하는 약 50여종의 상품을 정확히 구분할 수 있다. CU는 이번 스마트 자판기 도입을 통해 공간 효율성, 시스템 안정성, 고객 편의성 등 다양한 측면을 종합적으로 분석한 뒤 추후 다양한 입지에 위치한 하이브리드 점

---

79) 세오, 열화상카메라·소화기 탑재 보안 서비스 로봇 아르보 신모델 출시. 2021.10.26. etnews

포에도 스마트 자판기를 확대 적용할 계획이라고 밝혔다.

CU는 업계 최초로 주류 자판기를 선보였다. 그동안 주류는 성인인증을 거친 뒤 대면으로 판매하는 것이 원칙이었으나 산업통상자원부의 규제 샌드박스 승인을 통해 일정 조건을 갖춘 소매점에서 무인 판매가 허용됐다. 주류 자판기는 간편 본인확인 서비스인 PASS의 모바일 운전면허증 QR코드를 통해 성인인증 후 이용할 수 있다. CU 주류 자판기는 주로 호텔, 리조트 등 낮에는 유인, 밤에는 무인으로 운영되는 하이브리드 점포에 도입됐다.

BGF리테일 CVS Lab장은 "무인 주류 자판기는 야간에 주류를 판매할 수 없었던 하이브리드 편의점의 한계를 극복하며 소매 채널의 운영 효율성을 획기적으로 높일 수 있다"며 "앞으로도 CU는 최첨단 정보통신기술을 활용한 혁신적인 편의점 모델을 선보이기 위해 지속적으로 연구할 것"이라고 말했다. 한편, BGF리테일은 한국인터넷진행원(KISA)과 손잡고 무인화 안심 스마트 점포의 보안 기술 개발과 실증을 위한 공동 사업도 진행하고 있다.[80]

---

80) CU, 주류 무인 자동판매기 '스마트 냉장고' 도입. 2021.11.08. FETV

 최근 비대면 소비 증가와 인건비 상승 등으로 무인 매장이 급속도로 증가하고 있지만 무인 매장의 출입보안 문제는 소비자에 도덕성에 의존한 채 기술적으로 준비가 덜 되었던 것이 사실이다. 슈프리마는 무인 매장의 허술한 보안 취약점을 근본적으로 해결하기 위해, 국내 1위 메신저인 카카오톡과 손을 잡고 '카카오톡 지갑 QR 서비스'를 연동해 별도의 등록 및 발급 절차 없이 자격 증명을 할 수 있는 보안 솔루션을 개발하였다.

 슈프리마와 카카오가 함께 구축한 QR코드 기반 출입인증 솔루션을 적용한 무인 매장은, 슈프리마가 매장 내 QR코드를 활용한 무인 출입인증 시스템 설계와 구축을 담당하고, 카카오톡이 '카카오톡 지갑 QR' 서비스를 활용한 본인 인증 서비스를 제공한다.

 '카카오톡 지갑 QR'은 QR코드를 활용해 오프라인 매장 등에서 자신의 신분을 증명할 수 있으며, 슈프리마는 카카오와 이번 제휴를 통해 보안성과 소비자 접근성을 높인 무인 매장 및 공유 오피스 등을 대상으로 하는 출입통제 솔루션을 제공할 수 있게 됐다고 전했다.

 슈프리마 국내사업본부장은 "비대면 소비 증가와 인건비 부담, 4차산업기술 발전이 복합적으로 작용하며 소매업 전반에 무인화가 빠르게 확산되고 있다"면서 "카카오톡 지갑 QR 서비스를 필두로 다양한 신원인증과 서비스 기능을 추가하여 자영업자들의 편익을 극대화하고 나아가 편의점은 물론, 무인커피숍, 아이스크림 매장 등 다양한 분야로 서비스를 확대해 나가겠다"고 말했다.[81]

---

81) 슈프리마·카카오 "QR코드 출입인증, 무인매장에 적용".2021.11.05. DATANET

스마트 서비스 산업 보고서

4. 결론

BT TIMES

Ⅳ. 결론

위드 코로나는 2020년 초부터 전 세계로 확산된 코로나19 팬데믹이 장기화되면서 대두되고 있는 개념으로, 코로나19의 완전한 종식을 기대하는 것보다 그에 대한 인식과 방역체계를 바꿔 **코로나19와의 공존을 준비해야 한다는 개념이다**. 즉, 코로나19의 완전 퇴치는 힘들다는 것을 인정한 뒤 오랜 봉쇄에 지친 국민들의 일상과 침체에 빠진 경제 회복, 사회적 거리두기에 따른 막대한 비용 및 의료비 부담 등을 줄이기 위해서 확진자 수 억제보다 치명률을 낮추는 새로운 방역체계로의 전환이 필요하다는 뜻이다.

이에 따라 기존 산업과 코로나 이후의 산업 형태에는 분명한 차이점이 있는데, 그 중심에 비대면, 메타버스, 스마트 서비스 산업 등이 자리를 잡고 있다. 그동안 코로나로 인해 교육과 업무환경에도 많은 변화가 있었다. 각종 대학들은 '메타버스'를 이용한 신입생 환영회, OT, 축제까지 개최하고 있으며 중고등학교에서도 메타버스와 혼합현실 교육을 실시하고 있다. 업무환경 또한 메타버스를 활용한 채용설명회, 면접, 회의, 면담 등으로 변화하고 있다.

한편, 문화예술계에는 코로나 이후 온라인 플랫폼 들이 많이 개발되고 있는데, 그 중심에 NFT가 있다. NFT는 **'대체 불가능한 토큰(Non-Fungible Token)'**이라는 뜻으로, **희소성을 갖는 디지털 자산**을 대표하는 토큰을 말한다. NFT는 블록체인 기술을 활용하지만, 기존의 가상자산과 달리 디지털 자산에 별도의 고유한 인식 값을 부여하고 있어 상호교환이 불가능하다는 특징이 있다. 이는 자산 소유권을 명확히 함으로써 게임·예술품·부동산 등의 기존 자산을 디지털 토큰화하는 수단이다.

NFT는 가상자산에 희소성과 유일성이란 가치를 부여할 수 있기 때문에 최근 디지털 예술품, 온라인 스포츠, 게임 아이템 거래 분야 등을 중심으로 그 영향력이 급격히 높아지고 있어 문화예술계에서 가장 큰 이슈가 되고 있다.

의료업계에도 비대면(원격)의료 기술이 확대되고 있다. 해외는 이미 비대면 의료에 대한 수요가 매우 높은 편이며, 특히 미국 같은 경우에는 높은 의료비, 부족한 의료진 등의 문제를 해결할 대안책으로 원격 의료 기술이 떠오르고 있다. 그러나 국내는 아직 원격의료에 대한 비판적인 목소리들이 존재하고 있어, 찬반논란이 가시지 않는 상황이다. 특히 원격 의료 플랫폼과 대한약사회의 마찰이 어떤 방향으로 종결될지 귀추가 주목된다.

그밖에 에듀테크 업계와 무인시스템 업계 또한 국내외 기술개발에 한창이다. 특히 기존 물리보안업계는 정체되고 있는 보안시장에서 현재 떠오르고 있는 홈시큐리티와 무인매장으로 보폭을 넓히고 있다. 무인보안로봇, 무인스마트냉장고, 무인매장에서 사용할 수 있는 QR코드시스템 등 다양한 스마트 시스템 들이 개발되고 있다.

코로나 이전부터 대두되었던 비대면 산업들은 코로나를 기점으로 급격하게 발달하고 있으며 각종 스마트 서비스 산업으로 그 다양성과 기술들이 넓혀져나가고 있다.

스마트 서비스 산업 보고서

5. 참고자료

BT TIMES

Ⅴ. 참고자료

1) [언택트 산업] 4차산업혁명이 낳고 코로나19가 키웠다…비대면 라이프스타일의 확산, 투데이신문, 2020.06.19

2) [네이버 지식백과] 포스트 코로나 (시사상식사전, pmg 지식엔진연구소)

3) [네이버 지식백과] 위드 코로나 - 단계적 일상회복 (시사상식사전, pmg 지식엔진연구소)

4) IT업체 중심 '하이브리드 근무' 대세 전망 [연중기획 - 포스트 코로나 시대]. 2021.10.7.세계일보

5) 포스트 코로나 시대, 재택근무·유연근무제 대세되나.2021.10.5.파이낸셜뉴스

6) [네이버 지식백과] Metaverse - 메타버스 (지형 공간정보체계 용어사전, 2016. 1. 3., 이강원, 손호웅)

7) 메타버스, 코로나 이후 '포스트 인터넷' 될지 주목하라. 2021.8.3. 한겨례

8) 코로나 시대 주목받는 '메타버스 마케팅'. 2021.7.20. NewsWire

9) 졸업식부터 세계유산 탐방까지… 교육계도 메타버스 열풍. 2021.10.11. 부산일보

10) 메타버스 교육 시작하는 교원 빨간펜...'아이캔두'는 무엇이 다를까. 2021.10.12. 업다운뉴스

11) 채용부터 출근까지…중소기업 '메타버스' 바람분다. 2021.10.4. 신아일보

12) 코로나19에 메타버스 도입 확대하는 유통업계. 2021.10.7. 스포츠서울

13) 코로나 시대의 예술, 메타버스 위에 올라타다. 2021.10.12. 경향신문

14) [네이버 지식백과] NFT (시사상식사전, pmg 지식엔진연구소)

15) NFT 거래 플랫폼 오픈씨, 1년간 NFT 거래 20배 증가. 2021.10.7. 아주경제

16) NFT도 잘나가는 오징어게임, 저작권 논란은? 2021.10.14. 팩트경제신문

17) JPG파일이 780억원…NFT아트란?. 2021.3.12. 헤럴드경제

18) [홍혜민의 B:TS] 선미 '제페토'→블랙핑크 '동물의 숲'...열렸다, 메타버스 시대. 2021.8.12. 한국일보

19) 대기업 연봉 3배, 국내 메타버스 전문가 노리는 빅테크.2021.8.23.ZDnet Korea

20) 다음 먹거리 찾는 대기업, 메타버스 회사 먹는다. 2021.8.27. Techworld

21) [단독]한컴그룹, 메타버스 시장 뛰어든다…전문기업 프론티스 인수.2021.7.1.ETNEWS

22) 보안업계도 놓칠세라 '메타버스' 탑승. 2021.10.13. 아시아경제

23) 컴투스, 메타버스 유망기업에 3500억원 투자. 2021.10.19. 스포츠동아

24) '메타버스'를 잡아라… 삼성전자, 美 공간컴퓨팅 스타트업 투자. 2021.7.5. 이투데이

25) AR·VR 헤드셋 쓰면 가상세계 활짝… '메타버스'가 뜬다 [세계는 지금].2021.8.22.세

계일보

26) 페이스북을 보면 '메타버스의 미래'가 보인다. 2021.8.17. ZDnet Korea

27) '메타버스'에 꽂힌 마크 주커버그…페이스북 '가상 회의' 앱 공개. 2021.8.20. 한경

28) 메타버스 키우는 페이스북… "유럽서 1만명 뽑는다". 2021.10.18. 조선비즈

29) 구글 3D 영상채팅 '스타라인'…"바로 앞에 있는 것처럼 대화". 2021.5.20. ZDnetKorea

30) '무궁무진한 세계' 메타버스 플랫폼 잡아라.. 구글·네이버 등 국내외 빅테크기업 '각축전' ['게임체인저' 된 메타버스]. 2021.5.30. 파이낸셜뉴스

31) 엔비디아, 메타버스 전략 발표…"옴니버스로 실시간 3D 협업 지원" 2021.8.12. CIO Korea

32) 원격진료, 한국IR협의회, 2019.09.26

33) 비대면 시대, 비대면 의료 국내외 현황과 발전방향, KISTEP Issue Paper, 2020

34) VI. 원격의료: 코로나 시대의 새로운 의료 트렌드, 대신증권

35) Teladoc Health, 삼성증권, 2020.05.08

36) 미국 원격진료 서비스 시장동향, 대한무역투자진흥공자, 2020.03.26

37) 글로벌 DNA동향 : 디지털 헬스케어 -, ICT Brief, 2020.06.26

38) 원격의료, 한시적 허용 넘어 본격화되나. 2021.10.2. 의학신문

39) 의료계 반대에도 '원격 의료' 보폭 넓히는 산업부…850兆 시장, 門 열릴까. 2021.7.26. 조선비즈

40) 원격의료 활성화 날개 다나…'의료진 책임' 최소화 추진. 2021.10.18. 청년의사

41) 성장 가속하는 원격의료·약배달 앱, 국감서 '지속가능성' 확인할까. 2021.09.28. 이코노미스트

42) [CES2021] 미국 원격의료, 코로나19로 실생활 정착 성공…MZ세대에 최우선책될 것. 2021.01.14. AI타임스

43) Teladoc Health, 삼성증권, 2020.05.08

44) [글로벌-Biz 24] 원격의료업체 암웰, 뉴욕증시에 화려하게 데뷔…거래 첫날 28% 상승, 김수아, 글로벌비즈, 2020.09.18

45) [외신] 구글, 원격의료 기업 '암웰'에 1억 달러 투자한다, MOBIINSIDE, 2020.08.26

46) 글로벌의료기기, 미래에셋대우, 2020.03.23

47) VI. 원격의료: 코로나 시대의 새로운 의료 트렌드, 대신증권

48) 품목별 보고서 - 헬스케어, 정보통신산업진흥원, 2019

49) 메디히어, 원격 화상진료앱 출시…의료기관에 무료 지원, 박기택, 청년의사, 2020.03.10

50) 메디히어, 30억 규모 시리즈A 투자 유치. 2020.11.17. 메디컬투데이

51) 메디히어-한양대병원 원격진료 위한 인공지능 개발 MOU. 2020.8.13. 파이낸셜뉴스

52) 메디히어, 원격진료 멤버십 서비스 '닥터히어'로 리브랜딩. 2021.06.16. 라포르시안

53) 네이버 라인헬스케어, 원격진료로 일본서 각광, 박차영, 아틀라스뉴스, 2020.05.16

54) 라인 닥터, 2021 굿디자인어워드 수상. 2021.10.21. ZDnet Korea

55) 원격의료 스타트업 닥터나우, 100억 투자 유치. 2021.10.13. 한국일보

56) '약 배달' 닥터나우, 약사회 반발에도 100억 투자 유치. 2021.10.13. Bloter

57) 에듀테크(Edutech) 시장 현황 및 시사점, 한국무역협회, 2020.05

58) 에듀테크 시장 2025년에는 4000억달러 달해...국내는 데이터조차 없어. 2021.4.27. etnews

59) 에듀테크 전환기와 K-에듀 통합플랫폼 시사점. 2021.10.14. 포춘코리아

60) [단독] "6000억 예산 주먹구구" 교육부 원격수업 플랫폼 논란. 2021.10.20. 한경닷컴

61) 디지털 교과서 활용 저조...통합 교육 플랫폼 점검 필요. 2021.10.20. etnews

62) [스타트업in] 코세라, 세계 최고 대학 수업을 듣는다! 가성비 끝판왕 교육 서비스, 데일리팝, 2018.10.16

63) 나는 공짜로 공부한다..."칸아카데미(Khan Academy) 들어보셨나요?", 에듀인뉴스, 2019.07.05

64) 아이스크림에듀, 한국IR협의회, 2020.03.26

65) 9월 디지털뉴딜 우수 기업에 아이스크림에듀 등 3곳 선정. 2021.10.05. 중소기업뉴스

66) 문제 해설 검색 플랫폼 '매스프레소', 50억 규모 투자유치, 김민정, 플래텀, 2018.06.12

67) 매스프레소, 학습 코칭 모바일 문제집 출시. 최홍매, 플래텀, 2019.04.10

68) 매스프레소, 학습 플랫폼 '콴다' 글로벌 MAU 1200만 돌파. 2021.10.18. etnews

69) 영어학습앱, '캐치잇 잉글리시` 전국 학생에 무료 배포, 매일경제, 2020.03.04

70) 정보보호 산업 개요, 한국인터넷진흥원, 2020.04.05

71) 경기도 물리보안산어의 실증 지원 정책 방안 연구, 경기도의회, 2020.06

72) 자료원 : 中信证券, 搜狐

73) 언택트 문화 확산과 리테일 산업 무인화 동향, 전이슬, SPRi, 2019.11

74) 무인화 시대, 모바일 플랫폼 역할 확대, 삼성증권, 2019.10.11

75) 보안업계, '홈·무인매장' 새 먹거리로 '겨냥'. 2021.10.18. 이뉴스투데이

76) 세오, 열화상카메라·소화기 탑재 보안 서비스 로봇 아르보 신모델 출시. 2021.10.26. etnews

77) CU, 주류 무인 자동판매기 '스마트 냉장고' 도입. 2021.11.08. FETV

78) 슈프리마·카카오 "QR코드 출입인증, 무인매장에 적용".2021.11.05. DATANET

초판 1쇄 인쇄 2022년 1월 01일
초판 1쇄 발행 2022년 1월 03일

편저 ㈜비피기술거래
펴낸곳 비티타임즈
발행자번호 959406
주소 전북 전주시 서신동 832번지 4층
대표전화 063 277 3557
팩스 063 277 3558
이메일 bpj3558@naver.com
ISBN 979-11-6345-324-6(93560)
가격 66,000원

이 도서의 국립중앙도서관 출판예정도서목록(CIP)은 서지정보유통지원시스템 홈페이지
(http://seoji.nl.go.kr)와국가자료공동목록시스템(http://www.nl.go.kr/kolisnet)에서 이
용하실 수 있습니다.